河（湖）长制系列培训教材

湖长制政策及组织实施

河海大学河长制研究与培训中心　组织编写
杨涛　师鹏飞　盛欣然　过昕彤　编著

中国水利水电出版社
www.waterpub.com.cn
·北京·

内 容 提 要

本书在充分调研和资料收集的基础上，结合全国各地湖长制工作开展案例，汲取行业专家与领导的建议，介绍了湖长制的起源、发展、定义、内涵、与河长制的关系和区别、特殊性和主要内容，探讨了湖长制的组织实施、“一湖一档”基础信息登记、“一湖一策”编制及国内外湖泊治理等内容，有利于提高湖长制工作人员理论水平和业务能力，为统筹协调各部门力量，运用法律、经济、技术等手段维护河湖健康提供思路和经验。

本书可供各级湖长、湖长制工作人员及相关企事业单位工作人员参考使用。

图书在版编目（CIP）数据

湖长制政策及组织实施 / 杨涛等编著. -- 北京 : 中国水利水电出版社, 2020.11
河（湖）长制系列培训教材
ISBN 978-7-5170-8899-8

Ⅰ. ①湖… Ⅱ. ①杨… Ⅲ. ①河道整治－责任制－业务培训－中国－教材 Ⅳ. ①TV882

中国版本图书馆CIP数据核字(2020)第182300号

书　　名	河（湖）长制系列培训教材 **湖长制政策及组织实施** HUZHANGZHI ZHENGCE JI ZUZHI SHISHI
作　　者	河海大学河长制研究与培训中心　组织编写 杨涛　师鹏飞　盛欣然　过昕彤　编著
出版发行	中国水利水电出版社 （北京市海淀区玉渊潭南路1号D座　100038） 网址：www. waterpub. com. cn E-mail：sales@waterpub. com. cn 电话：（010）68367658（营销中心）
经　　售	北京科水图书销售中心（零售） 电话：（010）88383994、63202643、68545874 全国各地新华书店和相关出版物销售网点
排　　版	中国水利水电出版社微机排版中心
印　　刷	北京瑞斯通印务发展有限公司
规　　格	184mm×260mm　16开本　6.5印张　159千字
版　　次	2020年11月第1版　2020年11月第1次印刷
印　　数	0001—3000册
定　　价	**42.00**元

序

江河湖泊是水资源的重要载体，是生态系统和国土空间的重要组成部分，是经济社会发展的重要支撑，具有不可替代的资源功能、生态功能和经济功能。2016 年 11 月，中共中央办公厅 国务院办公厅印发《关于全面推行河长制的意见》（厅字〔2016〕42 号）（以下简称《意见》）。2017 年 12 月，中共中央办公厅 国务院办公厅印发《关于在湖泊实施湖长制的指导意见》（厅字〔2017〕51 号）。全面推行河长制、湖长制是落实绿色发展理念、推进生态文明建设的内在要求，是解决我国复杂水问题、维护河湖健康生命的有效举措，是完善水治理体系、保障国家水安全的制度创新。

全面推行河长制一年来，地方各级党委政府作为河湖管理保护责任主体，各级水利部门作为河湖主管部门，深刻认识到全面推行河长制的重要性和紧迫性，切实增强使命意识、大局意识和责任意识，扎实做好全面推行河长制各项工作。水利部党组高度重视河长制工作，建立了十部委联席会议机制、河长制工作月调度机制和部领导牵头、司局包省、流域机构包片的督导检查机制。2017 年 5 月和 2018 年 1 月，两次在北京召开全面推行河长制工作部际联席会议全体会议。一年来，水利部会同联席会议各成员单位迅速行动、密切协作，第一时间动员部署，精心组织宣传解读，与环境保护部联合印发《贯彻落实〈关于全面推行河长制的意见〉实施方案》（水建管函〔2016〕449 号）（以下简称《方案》），全面开展督导检查，加大信息报送力度，建立部际协调机制。地方各级党委、政府和有关部门把全面推行河长制作为重大任务，主要负责同志亲自协调、推动落实。全国各地上下发力，水利、环保等部门联动。水利部成立了“全面推进河长制工作领导小组办公室”（以下简称“部河长办”），全国各地成立了省、市、县三级河长制办公室。

一年来，水利部会同有关部门多措并举、协同推进，地方党委政府担当尽责、狠抓落实，全面推行河长制工作总体进展顺利，取得了重要的阶段性成果。在方案制度出台方面，31 个省、自治区、直辖市和新疆生产建设兵团的省、市、县、乡四级工作方案全部印发实施，省、市、县配套制度全部出台。各级部门结合实际制定出台了水资源条例、河道管理条例等地方性法规，对河长巡河履职、考核问责等做出明确规定。在河长体系构建方面，全国已明确省、市、县、乡四级河长超过 32 万名，其中省级河长 336 人，55 名省级党政主要负责同志担任总河长。各地还因地制宜设立村级河长 68 万名。在河湖监管保护方面，各地加快完善河湖采砂管理、水域岸线保护、水资源保护等规划，严格河湖保护和开发界线监管，强化河湖日常巡查检查和执法监管，加大对涉河湖违法、违规行为的打击力度。在开展专项行动方面，各地坚持问题导向，积极开展河湖专项整治行动，有的省份实施“生态河湖行动”“清河行动”，河湖水质明显提升；有的省份开展消灭垃圾河专项治理，“黑、臭、脏”水体基本清除；有的省份实行退圩还湖，湖泊水面面积不断增加。在河湖面貌改善方面，通过实施河长制，很多河湖实现了从“没人管”到“有人管”、从“多头管”到“统一管”、从“管不住”到“管得好”的转变，推动解决了一大批河湖管理难题，全社会关爱河湖、珍惜河湖、保护河湖的局面基本形成，河畅、水清、岸绿、景美的美丽河湖景象逐步显现。全国 23 个省份已在 2017 年年底前全面建立河长制，8 个省份和新疆生产建设兵团在 2018 年 6 月底前全面建立河长制，中央确定的 2018 年年底前全面建立河长制任务有望提前实现。

一年来，水利部河长办、河海大学多次举办河长制培训班；各省、地或县均按各自的需求举办河长制培训班；各相关机构联合举办了多场以河长制为主题的研讨会。上下各级积极组织宣传工作。2017 年 4 月 28 日，河海大学成立“河长制研究与培训中心”。2017 年 6 月 27 日修订发布的《中华人民共和国水污染防治法》第五条写道：“省、市、县、乡建立河长制，分级分段组织领导本行政区域内江河、湖泊的水资源保护、水域岸线管理、水污染防治、水环境治理等工作”，河长制纳入到法制化轨道。

总体来看，全国各地河长制工作全面开展，部分地区已结合实际情况在体制机制、政策措施、考核评估及信息化建设等方面取得了创新经验，形成了“水陆共治，部门联治，全民群治”的氛围，各地形成了“政府主导，属地负责，行业监管，专业管护，社会共治”的格局。河长制工作取得了很大进展和成效，但在全面推行河长制工作过程中，也发现存在一些苗头性的问题。有的地方政府存在急躁情绪，想把河湖几十年来积淀下来的问题通过河长制一下子全部解决，不能科学对待河湖管理保护是项长期艰巨的任务，对河湖治理的科学性认识不足；有的地方河长才刚刚开始履职，一河一策方案还没有完全制定出来，有的地方河长刚刚明确，还没有去检查巡河，各地进展不是很平衡；有的地方对反映的河湖问题整改不及时，整改对策存在一定的局限性等。

为了响应河长制、湖长制《意见》的全面落实和推进，为河（湖）长制工作提供有力支撑和保障，在水利部河长办、相关省河长办的大力支持下，河海大学河长制研究与培训中心会同中国水利水电出版社在先期成功举办多期全国河长制培训班的基础上，通过与各位学员、各级河长及河长办工作人员的沟通交流，广泛收集整理了河（湖）长制资料与信息，汲取已成功实施全面推行河（湖）长制部分省、市的先进做法、好的制度、可操作的案例等，组织参与河（湖）长制研究与培训教学的授课专家编写了《河（湖）长制系列培训教材》，培训教材共计10本，分别为：《河长制政策及组织实施》《水资源保护与管理》《河湖水域岸线管理保护》《水污染防治》《水环境治理》《水生态修复》《河（湖）长制执法监管》《河（湖）长制信息化管理理论与实务》《河（湖）长制考核》《湖长制政策及组织实施》。相信通过这套系列教材的出版，能进一步提高河（湖）长制工作人员的工作能力和业务水平，促进河（湖）长制管理的科学化与规范化，为我国河湖健康保障做出应有的贡献。

前言

湖长制，即由湖泊最高层级的湖长担任第一责任人，对湖泊的管理和保护负总责，其他各级湖长对湖泊在本辖区内的管理保护负直接责任，按职责分工组织实施湖泊管理保护工作。2017年11月20日，十九届中央全面深化改革领导小组第一次会议审核通过《关于在湖泊实施湖长制的指导意见》（厅字〔2017〕51号），并发出通知，明确各省（自治区、直辖市）要将本行政区内所有湖泊纳入全面推行湖长制工作范围，到2018年年底前全面建立湖长制。全国各地积极响应号召，部署进一步实施湖长制各项工作，印发湖长制实施方案。截至2018年年底，纳入全国水利普查名录的2865个湖泊及名录外的1.2万个湖泊（含水库、人工湖泊）完成分级分区湖长的设立。共设立省、市、县、乡级湖长2.4万名，85名省级领导担任82个湖泊（含湿地）、26个水库最高级湖长；29个省份将湖长体系延伸到村级，设立村级湖长3.3万名。目前，湖长制实施已取得显著成效，但随着湖长制工作推向纵深、更求实效，工作中遇到了越来越多的困难和问题。

为帮助大家更好地了解全国各地湖长制工作的实施情况，本书编者在充分调研和资料收集的基础上，结合全国各地湖长制工作开展案例，汲取行业专家与领导的建议，坚持理论联系实际，把湖长制工作的任务和目标作为基本立足点，阐述了湖长制的起源、发展、定义、内涵、与河长制的关系和区别、特殊性，以及湖长制的总体要求、主要任务、保障措施等主要内容，探讨了“一湖一档”基础信息登记、“一湖一策”编制及国内外湖泊治理案例。

本书充分吸纳了《关于在湖泊实施湖长制的指导意见》中的意见，并参考各地河长制办公室关于湖长制实施的工作方案和相关文献，汲取近几年全国各地湖长制实践中积累的经验和成果。目的在于加强和广大湖长制工作人员的学术交流，拓宽湖长制工作顶层设计人员的思路，提高湖长制工作人员理论水平和业务能力，为统筹协调各部门力量，运用法律、经济、技术等手段维护河湖健康提供思路和经验。可供各级湖长、湖长制工作人员及相关企事业单位工作人员参考使用。

河海大学杨涛教授负责编写第一章至第五章的大部分内容，赵大勇教授整理编写第二章至第四章的小部分内容。本书在编写出版过程中得到了水利部河长办、河海大学等单位的大力支持。希望通过本书的出版，进一步提高湖长制工作人员的工作能力和业务水平，促进湖长制管理的科学化与规范化，为湖泊健康保障做出应有的贡献。书中难免存在疏漏和不足之处，敬请广大读者给予批评指正。

编者

2020年5月

目录

第一章

湖长制概述

第一节　湖长制的起源与发展

一、湖长制的缘起

中华文明诞生于农业文明，农业文明起源于水文明，而水文明最初又是从治水开始。面对自古以来的水问题，我国在治水方面积累了行政、经济、环境、工程和技术等方面的宝贵经验，形成了源远流长的治水史。纵观这段治水史，各朝各代在治水过程中都设置了相应的官员作为当朝当代的“河长”，在解决层出不穷的水问题中履行“河长”的职责。

上古时期，生存永远是第一位的，故而洪涝灾害成为当时最严重的水问题。尧舜时期，黄河经常泛滥，洪水排泄不畅，百姓流离失所。鲧和禹父子相继担任了夏朝的治水官，即中华最早期的“河长”。鲧采用堵的方法，修堤筑坝，但洪水却越加迅猛，冲垮了堤坝，造成了更大灾害，鲧因此被革职流放。后任“河长”禹继位以来，吸取鲧的教训，针对洪水大而难堵的问题采取疏的办法，虽然工程极为浩大，但成效显著，历时 13 年最终解决了水患问题。

自大禹治水以来，水患逐渐平息。“以农立国”是各朝各代的根本国策，而水利是农业的命脉。除洪涝灾害问题以外，大规模农业取水不易成为了主要的水问题。战国时期，魏国人西门豹作为邺令（邺县县长），亲自担任“河长”，在漳河上建无坝取水枢纽和低溢流堰，引水灌渠，既减少了水祸，又肥沃了土壤。唐朝初期，姜师度担任司农卿，管理所有农田水利相关工作。作为河北的“河长”，姜师度开凿水渠、引水溉田，解决了农业取水和灌溉的难题，遗泽后世。

在结束了五胡乱华、南北朝纷争后，隋朝统一了中国，国家逐渐安定。在治水方面，防洪与取水已不再是难题，此时的河道问题在于航运功能无法满足社会发展的需要，故隋炀帝任命宇文恺为“总河长”负责解决此问题。宇文恺将春秋以来各地开挖的地方性小运河以及若干自然河道连成一气，并开挖了永济渠、通济渠、邗沟和江南河四条主干河道，最终贯通了大运河，解决了水运不通的问题。

到了宋代，社会不断进步，百姓生活水平提高，河流污染问题越来越受到重视。据《宋会要辑稿》记载，开封府有大小河道二百多条，官府为此设立了专门的“河长”，负责全天巡逻工作。而明代则初步形成了较为系统的综合管理体制，诸暨知县刘光复针对河道的蓄水、防洪、疏浚、治污等各个方面的问题，在全县全面推行圩长制，并统一制发了防护水利牌，明确了各圩长的姓名和管理要求，钉于各湖埂段。圩长制的出现为如今河（湖）长制的实施奠定了基础。

除“河长”外，历史上的“湖长”也早有先例。宋朝苏东坡在杭州任太守时，自封西湖“湖长”。不同于河道，西湖面临水流不畅、换水周期长、淤泥易壅塞且湖草蔓生等问题。为了解决这些问题，苏东坡下令清理淤泥蔓草，并将淤泥堆成堤坝，也就是如今的苏堤。同时下令农户可在自己承包的湖面种菱角，按期打捞除草，防止恶草滋生。苏东坡还向朝廷上书，将菱角种植户收入的税金作为保养湖堤、改善湖体的专项资金，一举解决了西湖的水问题与资金问题，将“湖长”责任落到了实处。

古代“河（湖）长”结合各朝各代河湖治理出现的新特性和新情况，因地制宜、对症下药，解决了河（湖）的防洪、取水、水运与污染问题，形成了独具特色的河（湖）管理制度和理念，并对现代河（湖）长制的实施起到了指导与借鉴作用。

二、梁子湖的先试先行

梁子湖又名娘子湖，是湖北省蓄水量最大、面积第二大的淡水湖，武汉市的中心湖，被列为鄂东战略备用水源地，也是亚洲湿地保护名录上保存最好的湿地保护区之一。梁子湖在春秋时在楚国境域，战国时属楚黔中地。据环保部门近几年的监测数据，梁子湖水质保持在Ⅱ～Ⅲ类，是中国水质保存最好的淡水湖泊。

但近年来，梁子湖也面临着水环境问题，主要集中在以下几个方面：

（1）湖泊面积减小，生态系统脆化。梁子湖区位于湖北省东南部，面积 482.5km^2，占全省总面积的 0.29%。从 1950 年开始，人们开始围湖造田，大大小小的围堤达 100 多处。1980 年前，鸭儿湖、三山湖、保安湖、涂镇湖等与梁子湖分离，到 2012 年进行“一湖一勘”的时候，上游又用几个湖汊围垦后成了独立子湖。这些子湖基本上用于养殖和种植，导致湖水被污染。子湖面积逐渐减小，大量的小湖泊都有潜在消失的可能。这种围湖造田活动隔绝了子湖与大湖之间的联系，变成了“死湖”，进而导致许多物种消失。其中最明显的就是涂镇湖，36 年前围湖造田，在梁子湖和涂镇湖中间筑起一条长 1767m 的长堤。在这 36 年里，涂镇湖生态不断恶化，导致湖里生物种类巨减，湖水变臭，后又破堤入湖，让涂镇湖重新回到梁子湖的怀抱。

（2）植物种类逆变，动物多样性下降。近些年来水体的污染，导致梁子湖植物种类逆变。据统计，虽然梁子湖植物物种的多样性基本稳定，但是有一大半是外来植物喜旱莲子草、水葫芦，而本地植物菰、轮叶黑藻水生植物种群分布面积减少，有的地区已经被水葫芦完全覆盖，导致浮游植物种类退化，从贫营养型的硅藻、甲藻向富营养型的绿藻、蓝藻转变。植物种类的逆变，也导致动物多样性的下降。1950 年梁子湖的鱼类有 94 种，1970 年有 75 种，1980 年只有 52 种。现如今梁子湖的鱼类虽然已基本恢复，但还是有许多重点保护鱼类难觅踪迹，国家二级保护鱼类胭脂鱼现已绝迹，长吻鮠、光唇蛇鮈等省重点鱼类也难以找到。大雁、白鹭、白鹳、灰鹤等飞禽数量也大幅度减少。

（3）环境污染依旧，保护意识不强。梁子湖环境污染严重，群众保护意识不够强，工业废水、鸡禽排泄物都入湖。仅在 2007 年，梁子湖入湖的总磷达 196t、总氮达 2101t、COD（化学需氧量）达 9943t。在入湖的 COD 中，农业污染达到 33%，工业污染达到 27%，城镇生活污染达到 21%，环境污染形势依旧不容乐观。与此同时，梁子湖的旅游规模越来越大，旅游污染进一步加大了梁子湖的环境压力。

（4）法规体系不全，保护措施不力。梁子湖属省直管的跨界湖泊，《湖北省湖泊保护条例》中单独针对梁子湖提出的《湖北省梁子湖生态环境保护规划（2010—2014）》（鄂政办发〔2010〕95号）并没有得到重视，没有纳入省政府议事日程。面对越来越多的工业污水直排入湖、围湖造田等擅自破坏湖泊自然生态的现象，很难在法律中找到处罚依据，这导致执法也较为困难。

2012年，湖北省颁布了首个地方湖泊法规，设立"湖长制"，梁子湖第一位"管家"由一位副省级干部担任，中国湖长制建设从此起步。梁子湖现已打造成了别具一格的湖泊生态旅游目的地，与鄂州梁子岛交相辉映，有"武汉的维多利亚港湾"之称。

三、全面推行湖长制的背景

江河湖泊具有重要的资源功能、生态功能和经济功能。近年来，各地积极采取措施，加强河湖治理、管理和保护工作，在防洪、供水、发电、航运、养殖和生态等方面取得了显著的综合效益。但随着社会经济的发展，我国的河湖管理与保护出现了一些新问题，如一些地区入河湖污染排放量居高不下，一些地方侵占水域、围垦湖泊、违法养殖、非法采砂等现象时有发生，造成了湖泊面积萎缩、水域空间减少、水质恶化、生物栖息地破坏等问题，湖泊功能严重退化。

党中央、国务院高度重视水安全和河湖管理保护工作。保护江河湖泊，事关人民群众福祉，事关中华民族长远发展。江河湿地是大自然赋予人类的绿色财富，必须倍加珍惜。党的十八大以来，中央提出了一系列生态文明建设特别是制度建设的新理念、新思路、新举措。

2016年10月11日，中央全面深化改革领导小组第二十八次会议审议通过了《关于全面推行河长制的意见》。会议强调，全面推行河长制，目的是贯彻新发展理念，以保护水资源、防止水污染、改善水环境、修复水生态为主要任务，构建责任明确、协调有序、监管严格、保护有力的河湖管理保护机制，为维护河湖健康生命、实现河湖功能永续利用提供制度保障。要加强对河长制的绩效考核和任务追究，对造成生态环境损害的，严格按照有关规定追究责任。

2016年11月28日，中共中央办公厅、国务院办公厅印发了《关于全面推行河长制的意见》（厅字〔2016〕42号，以下简称《意见》），要求各地区各部门结合实际认真贯彻落实河长制，标志着河长制从局地应急之策正式走向全国，成为国家生态文明建设的一项重要举措。河长制意见出台以来，水利部会同河长制联席会议各成员单位迅速行动、密切协作，第一时间动员部署，精心组织宣传解读，制定出台实施方案，全面开展督导检查，加大信息报送力度，建立部际协调机制。地方各级党委、政府和有关部门把全面推行河长制作为重大任务，主要负责同志亲自协调、推动落实。全国各个省市认真落实中央方针政策，到2017年底，全国25个省份已全面建立了河长制，全面推行河长制取得重大进展，省市县乡四级工作方案全部出台，6项配套制度基本建立，设立乡级以上河长31万名、村级河长62万名，河长制全面启动实施。

随着河长制的出现和推广，很多河流实现了从"没人管"到"有人管"、从"多头管"到"统一管"、从"管不住"到"管得好"的转变，并取得了明显成效，初步形成了全社会参与的立体格局，营造了良好生态环境。虽然河流问题在河长制制度下得到了有效解决，但与河流紧密相连的湖泊却无法得到有效管护。湖泊是江河水系的重要组成部分，在防洪、供水、航运、生态等方面具有不可替代的作用。虽然我国现阶段的湖泊管理正从粗放管理向科学化、规范化、精细化转变，但是湖泊的治理、管理与保护仍然存在极大的困难。与河流相比，湖泊存在更多的问题。

（1）湖泊萎缩。20 世纪 50—90 年代，湖面面积大于 $10km^2$ 的湖泊中，有 142 个发生萎缩，总萎缩面积为 $9573km^2$；有 417 个湖泊干涸，干涸面积为 $5280km^2$。造成湖泊萎缩的原因包括湖泊构造和成因、气候和水文情势变化及人类活动等，其中人为因素占主导作用，主要包括城镇化建设用地需求增加使湖泊水域被填埋，围湖造田使湖区的面积缩小，城市生活用水、农业用水量增加使湖泊水量减少，气候变暖使水大量蒸发，以及乱砍滥伐使水土流失、水体含沙量大、湖底淤积严重，等等。

（2）资源开发无序。在水域资源方面，渔业养殖过度，大量占用湖泊水域资源，造成湖泊综合功能下降，自由水面率过低；在岸线资源方面，违法占用、乱占乱用、占而不用等问题，造成了近岸带自然生态湿地的严重破坏；在砂土资源方面，长期的违法开采，造成湖底沙漠化和水质恶化，危及防洪、供水及生态安全。

（3）湖泊污染。湖泊污染包括富营养化、有机污染、重金属污染、酸化等，其中富营养化最为普遍也最为严重。2007—2010 年，我国东部平原湖区、山地湖区和东北平原湖区共有 138 个面积大于 $10km^2$ 的湖泊，其中 85.4%的湖泊存在富营养化的现象。农业面源污染是湖泊富营养化的主因，围湖造田导致大量的化肥、农药等污染物经降雨、地表径流等途径汇入湖泊，导致藻类生长过度，水体溶解氧不足；部分地区工业污废水的大量排放，导致湖泊水体污染加剧。

（4）湖泊生态退化。近几十年来，我国湖泊生物多样性下降问题突出。自 1960 年始，太湖经济鱼种类由 106 种减少到目前的 60～70 种，水生高等植物分布范围大幅缩减，面积自 1960 年至今减少了 $126km^2$。由于人类过度围网和围堤养殖活动，鱼种类持续减少，数量大幅下降，浮游植物（如藻类等）大量繁殖、集聚，浮游植物耐污种与底栖动物耐污种已经成为优势品种，导致其他高等水生植物与底栖生物分布范围减小，湖泊生态系统不断退化，生物多样性降低，酿成重大自然灾害。众多湖泊还因采砂、取土过度等导致部分湖区出现湖底荒漠化等生态问题。

（5）管理体制不健全。长期以来，沿湖地区在利用湖泊资源的同时，忽视了对湖泊的管理与保护，加之湖泊管理体制尚未健全，人为侵害湖泊屡禁不止。除圈圩围垦外，违法建设是近年来侵害湖泊的主要问题。湖泊管理涉及水利、交通、环保、国土、住建、农林、渔业等众多部门，因此湖泊管理保护面临着“多龙治水”的局面，准确界定沿湖行政区域管理保护责任较难。同时湖泊执法基地建设落后、执法装备不足、现代化信息化执法技术缺乏等因素也制约了湖泊管理水平的提升。

总体而言，由于湖泊的管理体制不健全，以及涉湖违法事件频发等，中国的湖泊消失和萎缩状况严重，防洪、蓄洪、抗洪能力急剧弱化，湖泊资源的无序开发造成湖泊综合功能下降，同时人类活动导致湖泊水体受到污染、影响生态平衡，湖泊受损后治理修复困难。不同湖泊差异明显，湖泊的特殊性及其存在问题的特异性使得其管理保护需要因地制宜、因湖施策，与入湖河流通盘考虑、协调推进，而现有的河长制制度难以兼顾湖泊的有效管理保护。针对这些问题，2017 年 11 月 20 日，十九届中央全面深化改革领导小组第一次会议审议通过《关于在湖泊实施湖长制的指导意见》（以下简称《指导意见》）。2017年11月26日，中共中央办公厅、国务院办公厅印发了《指导意见》，“湖长制”应运而生。

《指导意见》是为深入贯彻党的十九大精神，全面落实《中共中央办公厅、国务院办公厅印发〈关于全面推行河长制的意见〉的通知》要求，进一步加强湖泊管理保护工作而制定的法规。意见明确，到2018年年底在湖泊全面建立湖长制，建立健全以党政领导负责制为核心的责任体系，落实属地管理责任。

四、湖长制的推广试行

在湖泊实施湖长制，是坚持人与自然和谐共生、加快生态文明体制改革作出的重大战略部署，是贯彻落实党的十九大精神、统筹山水林田湖草系统治理的重大政策举措，是加强湖泊管理保护、维护湖泊健康生命的重大制度创新。

2018年1月26日，水利部、发展和改革委、财政部、国土资源部、环境保护部、住房城乡建设部、交通运输部、农业部、卫生计生委、林业局联合召开视频会议，深入学习贯彻《指导意见》精神和要求，通报全面推行河长制工作进展情况，部署进一步实施湖长制的各项工作。

以下是各地和流域机构贯彻落实湖长制工作的部分动态信息。

（1）北京市：2018年9月，北京市正式印发湖长制实施方案。至此，北京市全市水务普查数据认定的41个湖泊分级设置湖长，纳入河长制统一管理，在湖泊全面建立湖长制；同时将湖长制考核、问责机制一并纳入河长制相关体系，考核结果作为地方党政领导干部综合考核评价的重要依据，并实行湖泊生态环境损害责任终身追究制。

（2）上海市：2018年5月，上海市委办公厅、市政府办公厅印发了《关于进一步深化完善河长制落实湖泊湖长制的实施方案》（以下简称《实施方案》），针对本市湖泊特点，结合“十三五”规划的治理目标，提出了到2020年，淀山湖、元荡湖湖体高锰酸盐指数和氨氮含量继续保持或优于Ⅲ类，总磷不低于Ⅳ类，总氮不低于Ⅴ类；其他湖泊与入湖河道断面水质稳定在Ⅴ类及以上；供水水库按照水源地考核指标优于Ⅲ类。《实施方案》充分结合本市河长制工作，将湖长制纳入河长制工作体系，建立市、区、街道乡镇三级湖长体系。《实施方案》提出了加强湖泊水污染防治和水环境治理、加强湖泊水域空间管控、加强湖泊岸线管理保护、加强湖泊水资源保护、加强湖泊水生态修复、加强湖泊执法监督力度等六个方面的任务。

（3）河北省：2018年5月，《河北省贯彻落实（关于在湖泊实施湖长制的指导意见）实施方案》正式印发。目前，省、市、县、乡四级湖长体系全部调整到位。截至目前，全省35个湖泊共设省、市、县、乡4级湖长181名，其中省级湖长2名、市级湖长8名、县级湖长63名、乡级湖长108名，各级湖长职责进一步明确，湖泊最高层级湖长是第一责任人，对湖泊管理保护负总责，统筹协调湖泊与入湖河流管理保护工作，形成以党政领导负责制为核心的责任体系。同时，在出台河长会议、信息共享、信息报送、工作督查、考核问责与激励、验收六项制度的基础上，结合全面落实湖长制的工作需求，河北省委办公厅、河北省政府办公厅印发《河北省河长制湖长制主要任务责任分工方案》，对26个责任部门任务进行细化分解；河北省河湖长制办公室制定印发《河北省河（湖）巡查工作制度（试行）》，进一步完善《河北省河（湖）长制工作督查督办制度（试行）》，并与省检察院合作构建协同推进河长制湖长制工作机制，将湖长制纳入全面推行河长制工作体系统筹推进。

（4）山西省：2018 年 6 月，山西省委办公厅、省政府办公厅联合印发了《山西省湖长制实施方案》，明确要建立省市县乡村五级以党政领导负责制为核心的湖长责任体系，将实施湖长制纳入全面推行河长制工作体系统筹推进。省河长制办公室按照分级分区要求建立湖长体系，确保湖泊管理范围内每一块区域都有明确的责任主体，落实属地管理责任。同时进一步完善河湖长工作制度体系，在出台河长会议、信息共享、信息报送、工作督查、考核问责与激励和验收六项制度的基础上，结合全面完善河长制、建立湖长制工作需要，制定了河（湖）长巡查制度、联络员制度等地方配套制度，明确湖泊最高层级湖长是第一责任人，对湖泊管理保护负总责，统筹协调湖泊管理保护工作。截止到 2018 年 12 月，山西省、市、县、乡、村五级 77 名湖长已全部上岗履职。这标志着山西省继 2017 年底建立河长制后又全面建立了湖长制。

（5）内蒙古自治区：2018 年 8 月，内蒙古自治区印发了《内蒙古自治区实施湖长制工作方案》，明确完善全区河湖长体系，实行双总河湖长制。目前，内蒙古自治区已按要求建立了自治区、盟市、旗县（市、区）、苏木乡镇四级湖长制组织体系、制度体系、责任体系，全区共有 534 位自治区、盟市、旗县、苏木乡镇四级党政领导担任或兼任 655 个湖泊的湖长，实现了每一个湖泊都有湖长。同时，湖长制各项工作已纳入全面推行河长制工作体系，与推行河长制工作同部署、同推进、同考核。

（6）吉林省：在 2017 年全面建立省、市、县、乡、村五级河长制体系的基础上，按照《中共中央办公厅国务院办公厅〈关于在湖泊实施湖长制的指导意见〉的通知》（厅字〔2017〕51 号）要求，吉林省委办公厅、省政府办公厅于 2018 年 6 月 1 日联合下发《吉林省关于完善湖长制的实施意见》，在全省 339 个湖泊水库设立 1115 名湖长，持续深化完善河长制湖长制，推动全省河湖管理保护迈上新台阶，为打赢水污染防治攻坚战、建设幸福美好吉林发挥更大作用，为实现吉林全面振兴、全方位振兴提供有力保障。

（7）安徽省：2018 年 5 月，安徽省委办公厅、省政府办公厅印发实施《关于在湖泊实施湖长制的意见》，对实施湖长制工作进行了顶层设计，有湖泊管理任务的 14 个市、82 个县（市、区）和 368 个乡镇（街道）先后出台了湖长制实施意见，建立了湖长组织体系。主要湖泊巢湖，重要跨省湖泊高邮湖、龙感湖、石臼湖，以及跨市湖泊菜子湖、枫沙湖、焦岗湖、高塘湖、天河等均设立了省级湖长，由省领导担任。全省共设立省级湖长 7 名，市级湖长 49 名，县级湖长 216 名，乡级湖长 644 名，村级湖长 1766 名，覆盖全省全部湖泊。截至 2018 年 10 月底，全省已经全面建立省、市、县、乡四级湖长体系，并延伸到村。

（8）浙江省：2018 年 7 月，浙江省委办公厅、浙江省人民政府办公厅就深化落实湖长制印发《〈关于深化湖长制的实施意见〉的通知》。浙江省将围绕水域空间管控、岸线管理保护、水资源保护和水污染防治、水环境综合整治、生态治理和修复以及和执法监管等任务，全面深化湖长制。通知明确要求：2018 年 7 月底前，全省要完成建立湖长制工作的考核验收。到 2020 年底，主要湖泊（水库）水功能区水质进一步提升，湖泊（水库）

饮用水水源水质全面达标；全省重要湖泊（水库）水质达到或优于Ⅲ类、水功能区水质达标率达 100%；1km^2 以上湖泊、大中型水库完成管理范围划界；实现湖泊（水库）水域不萎缩、功能不衰减、生态不退化，全面建成湖泊（水库）健康保障体系。

（9）江西省：2018 年 5 月，江西省委办公厅、省政府办公厅印发《关于在湖泊实施湖长制的工作方案》的通知，力图通过全面实施湖长制，确保湖泊面积不缩减，湖泊水质不下降，湖泊生态不破坏，湖泊管理更有序。到 2020 年，鄱阳湖流域水功能区水质达标率达到 90%以上，城市规划区内湖泊水质达到Ⅳ类及以上。

（10）山东省：2018 年 5 月，为深入贯彻《中共中央办公厅、国务院办公厅印发〈关于在湖泊实施湖长制的指导意见〉的通知》（厅字〔2017〕51 号），进一步加强山东省湖泊管理保护，建立健全湖泊管理保护长效机制，推进生态文明建设，山东省委办公厅、省政府办公厅印发了《山东省在湖泊实施湖长制工作方案》（鲁厅字〔2018〕21 号），要求各地各部门结合实际抓好贯彻落实。目标在 2018 年 9 月底前，全面实施湖长制，建立省、市、县、乡、村五级湖长体系以及责任明确、协调有序、监管严格、保护有力的湖泊管理保护体制和良性运行机制。其中，2018 年 5 月底前，完善河长制湖长制工作省级考核办法和相关制度，建立省级湖长体系；7 月底前，设区的市出台实施方案，完善河长制湖长制工作市级考核办法和相关制度；8 月底前，县（市、区）完善河长制湖长制县级考核办法和相关制度；9 月底前，乡镇（街道）完善河长制湖长制相关制度。

（11）河南省：2018 年 7 月，河南省委办公厅、省政府办公厅印发了《河南省实施湖长制工作方案》，要求各地各部门结合实际抓好贯彻落实。要求根据水利普查湖泊名录，全省 8 个自然湖泊包括：开封市的黑池、柳池、包公湖、龙亭湖，商丘市睢县的城湖、睢阳区的南湖，信阳市潢川县的毛大湖，周口市淮阳县的龙湖及全省 40 多个人工湖全面建立市、县、乡、村四级湖长体系。各地行政区域内的湖泊跨县（市、区）、乡镇（街道）、村的湖泊由上级担任河长的同志担任湖长。湖泊所在地要按照行政区域分级分区设立湖长。方案明确，湖泊最高层级的湖长是第一责任人，对湖泊管理保护负总责，要统筹协调湖泊与入湖河流的管理保护工作，协调解决湖泊管理保护中的重大问题，依法组织整治围垦湖泊、侵占水域、超标排污、违法养殖等突出问题。其他各级湖长对湖泊在本辖区内的管理保护负直接责任，按职责分工组织实施湖泊管理保护工作。

（12）湖北省：2018 年 6 月，湖北省河湖长制办公室联合湖北省委政研室（省改革办）对“健康呵护体系”开展为期 5 个月的调查研究，通过查阅文献、对比分析、座谈了解、问卷调查、实地考察等方式，摸排湖北河湖“病状”，分析“病因”，提出对策建议，探索研究推进河湖长制提档升级、维护河湖健康生命的路径，为湖北省委、省政府决策提供参考依据和智力支持。

（13）湖南省：2018 年 4 月，湖南省委办公厅、省政府办公厅印发《关于在全省湖泊实施湖长制的意见》（湘办〔2018〕17 号），决定在年内建立省、市、县、乡、村五级以党政领导负责制为核心的湖长责任体系。通过全面摸排湖泊数量、现场查勘核实，全省确定了 261 个实施湖长制的湖泊名录，完成洞庭湖等湖泊水域网格划分，明确省、市、县、乡、村五级湖长 898 名，设立了湖长公示牌，在媒体上公布湖长名单，实现了湖长责任体系全覆盖。修订出台了河长制湖长制会议制度、考核办法、工作督察等制度，将实施湖长制纳入全面推行河长制工作体系统筹推进，一并督察、考核。截至12月25日，全省水利普查名录内156个湖泊和名录外105个湖泊全部设立湖长，对湖泊管理保护负总责，统筹推进湖泊管理保护工作，标志着湖南省已全面建立湖长制。

（14）广东省：2018年6月，广东省委办公厅、省政府办公厅正式印发《关于在全省湖泊实施湖长制的意见》，要求到2018年6月底，在广东省行政区域内所有湖泊全面建立湖长制，比中央要求的时间提前半年。到2020年年底，持续提升湖泊生态系统质量和稳定性，还湖泊以宁静、和谐、美丽，让人民群众有更多获得感、幸福感、安全感。并将湖长体系的设置与各级河长设置充分结合，要求全面建立省、市、县、镇、村五级湖长体系，在中央要求的四级湖长体系基础上延伸至村一级。强化湖长制范围全覆盖，不仅包括全省行政区域内所有湖泊，也要求今后新开挖的人工湖泊纳入湖长制实施范围。

（15）广西壮族自治区：2018年5月，广西壮族自治区党委办公厅、政府办公厅联合印发了《广西壮族自治区在湖泊实施湖长制工作方案》（桂河长办〔2018〕63号）。全面贯彻中央文件精神，并根据广西实际，结合乡村振兴战略和“美丽广西”乡村建设，在全面推行河长制的基础上，深入推进实施湖长制。一是明确到2018年6月，实现同步建设河长制湖长制目标，比中央工作目标提前半年时间。二是建立与自治区、市、县、乡、村五级河长体系相应的湖长体系，湖泊所在市、县、乡、村按照行政区域分级分区设立湖长，实行网格化管理，确保湖区所有水域都有明确的责任主体。三是对照党中央、国务院的指导意见提出的六大任务，根据广西湖泊特点和管理保护任务，以清单方式细化实化，分解提出21项具体工作，并根据各部门职责和分工，逐一明确具体牵头责任单位，确保各项工作任务落地见效。四是明确了加强组织领导、把握总体要求、强化分类指导、完善监测监控、严格考核问责、鼓励社会参与等六项保障措施，为湖长制工作的贯彻落实护航。

（16）四川省：2018年10月，四川省委办公厅、省政府办公厅印发了《关于全面落实湖长制的实施意见》（川委办〔2018〕33号），并发出通知，要求各地区各部门结合实际认真贯彻落实。明确了四川省湖长制工作的主要目标，把全省所有湖泊纳入全面推行湖长制工作范围，全面建立了省、市、县、乡四级湖长体系，重要跨省湖泊泸沽湖设立省级湖长2名，市县乡村级湖长271名。细化实化了工作任务、湖长职责，完善了制度体系与管护机制，达到国家全面建立湖长制“四个到位”总体要求，实现了河流、湖泊、重要天然湿地、水库、渠道各类水域河湖长全面覆盖，全面建立了湖长制。

（17）贵州省：2018年8月，贵州省委办公厅、省人民政府办公厅印发关于《贵州省全面推行河（湖）长制总体工作方案》的通知，明确力推省、市、县、乡、村五级湖长制，并在2018年底全面推行湖长制，向社会公布河湖水库分级名录和河长名单，同时制定出台相关制度政策和考核办法。

（18）云南省：2018年2月，以总河长第2号令的形式印发了《2018年云南省全面推行河（湖）长制工作要点》，把河（湖）长制有关任务分解细化到各州（市）人民政府、省级相关厅局。2018年3月28日，在全面推行河长制基础上，出台了《云南省全面贯彻落实湖长制的实施方案》（云河长组发〔2018〕2号），对湖长制目标任务做进一步的深化和细化，相关责任分解细化落实到各级党委、政府及相关责任部门。并且制定《2018年云南省全面推行河湖长制考核工作方案》《2018 年云南省全面推行河湖长制督查工作方案》和《2018 年云南省全面推行河湖长制省级监测方案》三个工作方案，为下一步开展考核、督查和监测提供依据。

（19）西藏自治区：2018 年 5 月，经西藏自治区人民政府同意，《西藏自治区关于全面落实湖长制加强湖泊管理保护的意见》正式印发。明确行政区域内所有湖泊及水库纳入全面推行湖长制工作范围。同时，市、县两级均制定完成湖长制实施方案，安排部署本区域内湖长制工作。水面面积 $1km^2$ 以上湖泊 808 个，水面面积 $1km^2$ 以下湖泊 888 个，水库 105 个实现湖长全覆盖。各级湖长积极开展巡湖工作，截至目前，全区各级湖长共计巡湖 3686 人次。各级湖长名单全部向社会公示，并在湖泊沿岸显著位置设立了湖长公示牌，标明湖长职责、管护目标、监督电话等内容，全方位接受社会监督。结合自治区全面推行湖长制工作的总体部署，及时修订完善了《西藏自治区河湖长会议制度》《西藏自治区全面推行河长制湖长制信息报送管理办法》等 6 项制度。全区各市（地）、县（区）湖泊名录、自治区级主要湖泊“一湖一档”已初步建立，自治区级湖泊“一湖一策”方案已编制完成。强化湖泊岸线管理保护，启动自治区级湖泊岸线利用规划编制工作。

（20）陕西省：陕西省委办公厅、省人民政府办公厅印发《关于实施湖长制的意见》的通知，要求各地将实施湖长制纳入全面推行河长制工作，2018 年年底前，对常年水域面积 $1km^2$ 以上的天然湖泊实施湖长制，并将全省所有人工湖、塘堰、涝池纳入湖长制管理，落实属地管理责任。建立区域和流域相结合、与河长制紧密衔接的省市县乡四级湖长制组织体系。省总河长、副总河长分别担任省总湖长、副总湖长；红碱淖由省政府分管领导担任湖长；其他湖库由设区市按照所在区域和所属流域相结合的原则分级分区设立湖长，实行网格化管理，确保湖区所有水域都有明确的责任主体。市县乡三级湖长对本辖区内的湖库管理保护负直接责任，按职责分工组织实施湖库管理保护工作。

（21）甘肃省：2018 年 6 月，甘肃省委办公厅、省人民政府办公厅制定印发了《甘肃省实施湖长制工作方案》，明确了实施范围和工作目标。到 2018 年底，通过全省上下各级共同努力，14 个市（州）、兰州新区全部印发了湖长制工作方案，全面建立了省市县乡村五级湖长体系，在所有天然湖泊、平原注入式和饮用水水源地水库设置湖长 1181 名，细化实化了工作任务、湖长职责，完善制度体系与管护机制，达到国家全面建立湖长制“四个到位”总体要求，甘肃省湖长制全面建立。

（22）青海省：2018 年 5 月，青海省委办公厅、省人民政府办公厅制定印发了《青海省实施湖长制工作方案》，明确了实施范围和工作目标。到 2018 年年底，通过全省上下各级共同努力，8 个市（州）全部印发了湖长制工作方案，全面建立了省、市、县、乡、村五级湖长体系，在所有天然湖泊、水库设置了湖长，细化实化了工作任务、湖长职责，完善制度体系与管护机制，达到国家全面建立湖长制“四个到位”总体要求，青海省湖长制全面建立。

（23）雄安新区：2018 年 10 月，雄安新区党工委、管委会印发《河北雄安新区实行河湖长制工作方案》。雄安新区党工委、管委会在原雄县、容城、安新 3 县设立县、乡、村三级河长体系、推行河长制的基础上，研究出台了方案，提出以实现“打造优美生态环境，构建蓝绿交织、清新明亮、水城共融的生态城市”为目标，充分考虑新区和白洋淀生态环境的特殊性和复杂性，以保护水资源、防治水污染、改善水环境、修复水生态为主要任务，落实各级党委、政府对河流湖泊管理保护的主体责任，在新区全面实行河长制湖长制。新区设立总河湖长，由新区党工委、管委会主要负责同志担任。在新区 13 条主要河流和白洋淀设立新区级河长湖长，分别由新区党工委、管委会负责同志担任。县、乡两级设立总河湖长，由县、乡两级党委、政府主要负责同志担任；县、乡、村对行政区域内各河湖分级分段分片设立河长、湖长，由本级负责同志担任。成立河湖长制工作领导小组，河湖长制领导小组办公室设在公共服务局，在领导小组的统一领导下开展日常工作。华北地区最大、最典型的淡水湖泊白洋淀位于新区境内，新区、县和涉及的乡镇都要分级分区设立湖长，落实属地管理责任，实行网格化管理，确保白洋淀管理范围内每一块区域都有明确的责任主体。关于白洋淀河长制湖长制工作主要任务，方案明确从严控制白洋淀水资源开发利用，严格白洋淀水域空间管控，2018 年底前完成入湖污染源全面排查，制定实施期限整治方案，明确年度入湖污染物消减量，逐步改善湖泊水质，推进白洋淀水环境综合治理，因地制宜推进白洋淀生态岸线建设、滨湖绿化带建设、沿湖湿地公园和水生生物保护区建设。

七大流域也积极响应湖长制《意见》，切实履行流域管理职责，充分发挥流域管理机构在全面实施湖长工作中的协调、监督、指导和监测等作用。

（1）长江水利委员会：在水利部等十部委联合召开视频会议后，长江水利委员会召开会议，强调要进一步强化组织领导，充分发挥长江委推进河长制工作领导小组的重要作用；2017 年 5 月，长江水利委员会正式印发《长江委全面推进湖长制工作方案》，要求各部门、各单位认真组织实施有关工作，旨在强化流域统一管理和规划指导约束，建立和完善跨省湖泊协调保护机制，协调湖泊所在地实行联防联控和协同治理，重点协调解决重要湖泊、跨省湖泊全面实施湖长制工作中的重大问题；协调制定重要湖泊、跨省湖泊保护目标和主要指标体系，指导长江流域片相关省（自治区、直辖市）将流域管理保护主要任务和约束指标分解至不同湖泊，指导各地科学建立“一湖一档”，合理制定“一湖一策”，加强湖泊管护重点难点问题的业务指导；督促长江流域片各省（自治区、直辖市）按《指导意见》要求扎实推进湖长制各项工作，强化责任片区和流域内重要湖泊、跨省湖泊实施湖长制工作的督导检查，加强湖泊保护综合执法监督，切实维护良好的湖泊管理秩序；完善长江流域片水利综合监测站网体系，加强重要湖泊、跨省湖泊边界断面的监督性监测和动态监测，建立长江流域片河长制湖长制信息管理平台。

（2）黄河水利委员会：在水利部等十部委联合召开视频会议后，黄河水利委员会召开会议，强调要高度重视、充分认识实施湖长制的重要意义，要认真履行流域管理机构协调、指导、监督职责，做好直管湖泊湖长制工作。一要加强协调指导，积极推动黄河流域（片）湖长制工作。要按照水功能区监督管理要求，对流域（片）跨省级行政区域的湖泊，组织划定入河排污口禁止设置和限制设置区域，督促各省（区）落实入湖排污总量管控责任。要加强与流域（片）省（区）湖长制工作的交流、协调、配合，建立沟通协商机制，强化流域（片）规划约束，切实加强对湖长制工作的综合协调、监督检查和监测评估，推动流域（片）湖长制工作规范有序开展。二要履职尽责，全面做好黄河水利委员会直管湖泊湖长制工作。要抓住推行湖长制的工作契机，解决直管湖泊管理中的难点问题。要加强与地方党委政府联系沟通，积极参与当地湖长制工作，抓紧摸清直管湖泊底数及存在问题，协助当地河长办做好“一湖一策”方案编制和“一湖一档”建设；立足直管湖泊实际，编制好问题清单和措施清单，以真正长期有效地解决直管湖泊在水行政管理、水资源管理等方面存在的突出问题；利用推行湖长制建立的多部门联合执法机制，严厉打击涉湖违法违规行为；2018 年 3 月，召开河长制湖长制工作推进会，听取黄河水利委员会直管河湖河长制湖长制工作推进情况，分析推进过程中存在的困难和问题，部署下一阶段任务。

（3）淮河水利委员会：2018 年 2 月，淮河水利委员会在蚌埠召开河长制工作领导小组 2018 年第 1 次会议，研究部署 2018 年河长制湖长制工作。会议传达学习了中共中央办公厅、国务院办公厅《关于在湖泊实施湖长制的指导意见》（厅字〔2017〕51 号）和水利部贯彻落实通知文件，审议了 2018 年淮河水利委员会全面推进河长制、湖长制主要工作计划，并经讨论研究进一步细化了责任分工和进度安排。11 月，淮河水利委员会在江苏省徐州市组织召开 2018 年淮河流域推进河（湖）长制工作会，总结交流了河长制、湖长制工作的经验和做法，分析了当前河湖管理保护存在的突出问题，提出了解决问题的建议，研讨了下一步重点工作计划及安排。

（4）海河水利委员会：为深入贯彻党中央、国务院实施河长制、湖长制有关部署，认真落实水利部等十部委贯彻落实湖长制视频会议精神，2018 年 2 月 2 日，海河水利委员会在天津召开河长制、湖长制工作推进会，总结前一阶段河长制工作落实情况，研究部署 2018 年推进河长制、湖长制重点工作。4 月，海河水利委员会印发 2018 年推进河长制湖长制工作要点，从加强督导检查、强化联防联控、落实六大任务以及加强基础工作等方面，就流域推行河长制湖长制工作作出周密部署。6 月，海河水利委员会党组成员、巡视员率督导检查组，对北京市、河北省、天津市、山西省全面推行河长制湖长制工作进行 2018 年第一次督导检查。从检查情况看，海河流域片各地河长制湖长制工作进展有序，河湖管护成效逐步显现。

（5）珠江水利委员会：按照《水利部办公厅关于印发全面推行河长制工作督导检查制度的函》和《珠江委责任片全面推行河长制工作督导检查制度》要求，2018 年 4 月下旬至 5 月上旬，珠江水利委员会派出由委员会领导担任组长的 5 个督导检查组，分别赴云南、贵州、广西、广东、海南五省（自治区）开展 2018 年第一次全面推行河长制湖长制工作督导检查。下一步，珠江水利委员会将根据督导检查实际情况，督促指导责任片各省（自治区）抓紧落实整改，同时积极发挥流域机构协调、指导、监督、监测的作用，促进珠江水利委员会责任片河长制工作从“见河长”向“见行动”“见成效”转变。

（6）松辽水利委员会：为加快推进黑龙江省、吉林省、辽宁省、内蒙古自治区河长制湖长制工作，按照水利部全面推行河长制工作督导检查制度要求，2018 年 5 月，松辽水利委员会先后派出督导检查组，分赴流域内四省（自治区）开展 2018 年第一次全面推行河长制湖长制工作督导检查。督导检查组重点对“四个到位”要求是否全面落实、河长湖长履职、河长办运转、河长公示牌设置、六项制度执行、河湖管理保护专项行动、督导检查发现问题整改落实等方面进行了检查。按照工作安排，检查组查阅了推行河长制工作相关文件、资料，实地察看了河湖治理保护现场，与有关地方政府、河长制办公室进行了座谈交流，听取省、市、县三级河长制办公室有关工作情况汇报，并就下一步加快推进湖长制、编制“一河（湖）一策”方案，建立“一河（湖）一档”、建设管理信息平台等工作提出了意见和建议。

（7）太湖流域管理局：2018 年 4 月，太湖流域管理局在上海市青浦区召开太湖流域片第四次河长制工作交流会，提出全面加强湖泊管理保护，推动流域片率先全面建立湖长制。5 月，召开推进河长制湖长制工作领导小组全体会议，进一步研究部署河长制湖长制工作，会议听取了局推进河长制工作领导小组办公室关于近期河长制湖长制工作进展和下阶段河长制湖长制工作建议的汇报，并对下阶段河长制湖长制工作进行了认真深入的讨论。11 月，水利部太湖流域管理局联合江苏省、浙江省河长办在江苏宜兴召开太湖湖长协作会议。会议审议通过太湖湖长协商协作机制规则，正式建立了太湖湖长协商协作机制。太湖湖长协商协作机制是我国首个跨省湖泊湖长高层次议事协调平台，是水利部太湖流域管理局贯彻长三角一体化发展战略部署的重要举措，积极助推流域湖长制工作的创新实践成果。机制设江苏、浙江省级太湖湖长和太湖流域管理局主要负责人三位召集人，成员包括沿太湖省、市不同层级湖长、主要出入太湖河流的县（市、区）河长、太湖流域管理局和相关省市河长办人员，并在面积大、岸线长的江苏省河长办设办公室，由江苏省河长办会同浙江省河长办和太湖流域管理局共同负责日常工作。

第二节 湖长制的定义与内涵

一、湖长制的定义

“湖长制”即由湖泊最高层级的湖长担任第一责任人，对湖泊的管理保护负总责，其他各级湖长对湖泊在本辖区内的管理保护负直接责任，按职责分工组织实施湖泊管理保护工作。县级及以上湖长负责组织对相应湖泊下一级湖长进行考核，考核结果作为地方党政领导干部综合考核评价的重要依据。

湖泊最高层级的湖长是第一责任人，对湖泊的管理保护负总责，要统筹协调湖泊与入湖河流的管理保护工作，确定湖泊管理保护目标任务，组织制定“一湖一策”方案，明确各级湖长职责，协调解决湖泊管理保护中的重大问题，依法组织整治围垦湖泊、侵占水域、超标排污、违法养殖、非法采砂等突出问题。其他各级湖长对湖泊在本辖区内的管理保护负直接责任，按职责分工组织实施湖泊管理保护工作。

湖长制是实现人与自然和谐共生的基本方略，它的建立与完善将使得中华大地的每一处湖泊都能留住碧波荡漾的美景，从而更好地维护良好生态系统，满足人民群众日益增长的美好生活需要。

“湖长制”的全面推行，充分体现了党中央、国务院对湖泊管理工作的高度重视，充分彰显了湖泊生态保护在生态文明建设中的重要地位，我们要深刻认识实施湖长制的特殊重要性，切实增强落实湖长制改革任务的责任感和主动性。

“湖长制”的实施有利于促进绿色生产生活方式的形成，有利于建立流域内社会经济活动主体之间的共建关系，形成人人有责、人人参与的管理制度和运行机制。

二、湖长制的意义

建设生态文明是中华民族永续发展的千年大计。党的十九大报告提出，统筹山水林田湖草系统治理，实行最严格的生态环境保护制度，形成绿色发展方式和生活方式，坚定走生产发展、生活富裕、生态良好的文明发展道路，建设美丽中国。实行“湖长制”是将绿色发展和生态文明建设从理念向行动转化的具体制度安排，也是中国水环境管理制度和运行机制的重大创新，使责任主体更加明确、管理方法更加具体、管理机制更加有效。

在湖泊实施湖长制是贯彻党的十九大精神、加强生态文明建设的具体举措，是加强湖泊管理保护、改善湖泊生态环境、维护湖泊健康生命、实现湖泊功能永续利用的重要制度保障。

绿水青山就是金山银山，要像保护眼睛一样保护生态环境，像对待生命一样对待生态环境。全面推行河长制湖长制，创新河湖管理体制机制，破解复杂水问题，维护河湖健康生命，是生态文明思想在治水领域的具体体现。

全面推行河长制湖长制是推进生态文明体制改革的重大举措。党的十九大报告明确提出，加快生态文明体制改革，牢固树立社会主义生态文明观，推动形成人与自然和谐发展现代化建设新格局。要用最严格制度最严密法治保护生态环境，加快制度创新，强化制度执行，让制度成为刚性的约束和不可触碰的高压线。全面推行河长制湖长制，坚持党政同责，由各级党政负责同志担任河湖治理保护的第一责任人，明确河湖治理主体和职责，同时严格考核问责，实行水安全损害责任终身追究制，对造成水安全损害的，严格按照有关规定追究责任，确保各项措施落地生根。河长制湖长制这一重大制度创新的效果已逐步显现。

全面推行河长制湖长制是破解我国复杂水问题的有力抓手。河川之危、水源之危是生存环境之危、民族存续之危。当前，我国新老水问题交织，水资源短缺、水生态损害、水环境污染十分突出，水旱灾害多发频发。河湖水系是水资源的重要载体，也是新老水问题体现最为集中的区域。河湖管理保护涉及上下游、左右岸、不同行政区域和行业，十分复杂。全面推行河长制湖长制，由各级党政负责同志牵头抓总，能够调动多方力量，协调解决各类新老水问题。一方面，通过开展专项行动、集中治理，解决河湖乱占滥用、水体污染、围湖养鱼等突出问题；另一方面，以水资源水环境承载能力倒逼经济发展方式转变、产业结构调整，从根子上解决水资源短缺、用水效率不高、水污染及水生态损害等问题。同时，通过山水林田湖草系统治理，增强水源涵养能力，增加河湖和地下含水层对雨水径流的“吐纳”和“储存”能力，有利于减轻洪涝灾害，实现化害为利。

全面推行河长制湖长制是维护河湖健康生命的内在要求。人与自然是生命共同体，人类必须尊重自然、顺应自然、保护自然。江河湖泊是自然生态系统的重要组成部分，河湖健康是人与自然和谐共生的重要标志。河湖包括“水”，即河流、湖泊中的水体，也包括盛水的“盆”，即河道湖泊空间及其水域岸线。全面推行河长制的水资源保护、水域岸线管理保护、水污染防治、水环境治理、水生态修复、执法监管等六大任务，归纳起来就是要做好“水”和“盆”两方面的管理保护，通过水陆共治、综合整治、系统治理，改善河湖生态环境，实现河湖功能永续利用。

全面推行河长制湖长制是更好满足优美生态环境需要的重要保障。良好生态环境，是最公平的公共产品，是最普惠的民生福祉。新时代我国社会主要矛盾发生了变化，干净、整洁、优美的河湖生态环境成为群众更强烈的诉求和更美好的期盼。全面推行河长制湖长制的主要任务，都是针对当前群众反映比较强烈、直接威胁水安全的突出问题提出的。落实好这些主要任务，把群众身边的河湖治理好，才能提供更多优质生态产品，还给老百姓清水绿岸、鱼翔浅底的景象。

第三节 湖长制与河长制的关系和区别

湖长制是坚持人与自然和谐共生，在生态文明建设方面的新探索，美丽中国向前迈出新步伐的重大举措。中国环境科学研究院研究员张惠远表示，“湖长制”是在“河长制”基础上作出的及时和必要的补充，此举意义重大，其实施有利于促进绿色生产生活方式的形成，有利于建立流域内社会经济活动主体之间的共建关系，形成人人有责、人人参与的管理制度和运行机制，故逐步在中国国内推广。

一、湖长制与河长制的联系

（一）管理体制相同

目前，全面推行河长制已经取得重大进展、全国各省区市的绝大多数河流都实现了有人管、有制度管的新局面。湖长制与河长制一脉相承，都是一种统筹监管的制度，都是水管理顶层设计的制度性突破和改革创新，是中央提出的解决河湖及其管理复杂问题的中国方案。

河（湖）长制制度创新能否顺利推进、扎实落地，关键在河（湖）长。湖长制明确指出“湖泊最高层级的湖长是第一责任人，对湖泊管理保护负总责”。在组织形式上，河长制和湖长制都要求全面建立健全以党政领导负责制为核心的省、市、县、乡四级河（湖）长管理体制，落实属地管理责任。各级河湖长应负责组织领导相应河湖的管理和保护工作，并确定河湖管理保护目标任务，组织制定“一河（湖）一策”方案，明确各级河（湖）长职责。继而全面落实水域空间管控、水资源保护、岸线资源保护、水污染、水生态以及执法监管机制等方面的主要任务。

通过搭建河湖治理管护的制度平台，最终实现河（湖）长牵头、多部门协作、社会公众参与的良好格局，以便各地区和各部门更好地履行河湖管理与保护的职责，提高河湖管理保护的工作绩效。

（二）工作机制相同

河（湖）长制制度的工作机制包括两方面，分别是河湖保护工作与河湖管理工作。

在河湖保护工作方面，河长制、湖长制均要求做到“一事一办”。各级河（湖）长应对通过巡查发现、舆论监督、群众举报等各种渠道收集到的反映河湖保护的相关问题，以及河道管理保护汇总的重大问题，统筹协调上下游、左右岸、干支流的综合治理，明晰跨行政区域和河湖管理保护责任等，通过建立“河（湖）长工作联系单”，及时进行交办、督办和查办，确保做到事事有着落、件件有回音。

在河湖管理工作方面，河长制与湖长制均要求推动“一河（湖）一档”。各级河（湖）长应通过建立“一河（湖）一档”，全面整理河湖自然状况、河长基本信息、沿河经济社会发展、水资源、河湖资源、水污染防治、水环境、水生态、长效管护、执法监督、综合功能提升等内容，加强动态跟踪和数据分析研判，推动河（湖）长制精准施策。

除此之外，河长制和湖长制都要求坚持“一河（湖）一策”。针对不同河湖功能特点及存在问题，应由河（湖）长牵头审定“一河（湖）一策”，编制问题清单、目标清单、任务清单和责任清单，制定年度任务书，提出时间表和路线图，有序组织实施。

（三）考核严格程度相同

保护责任的落实是河（湖）长制管理过程中最关键的一环，让党政领导唱主角，将河湖保护与党委决策、政府施政紧紧捆绑在一起，健全以党政领导负责制为核心的责任体系，精准落实各级河湖长的责任并进行严格考察，才有可能真正健全河湖监管与保护机制。

河长制和湖长制都要求对相应下一级河（湖）长进行考核，考核结果作为地方党政领导干部综合考评的重要依据。考核既是河（湖）长制的正面导向，也是倒逼行为。在河湖长制实施过程中，通过对河（湖）长的考核，一方面可以进一步检验河（湖）长制的实施成效，查找河（湖）长制的不足，进一步提升河湖治理管护的效率；另一方面可以有效避免河湖治理管护庸政懒政，确保河（湖）长制不跑偏方向，不流于形式。

同时，在推进河（湖）长制落实的进程中，不仅要对在职的河（湖）长实施严格的考核问责，更要实施生态环境损害责任终身追究制，对造成生态环境损害的，严格按照有关规定追究相关人员责任，将责任层层压实，将执法监管的镜子擦得更亮，将河湖保护的工作落到实处。

二、湖长制与河长制的区别

（一）湖长设置要求更加细化

相对于河道，湖泊具有自身的特殊性，《指导意见》中提出了湖泊 5 个方面的特点，包括湖泊设计多河湖汇入、边界监测断面不易确定、无序开发现象普遍、水体交换周期长、对生态环境影响较大等内容。推进湖长制是在全面推行河长制的基础上，针对湖泊的特点和问题开展的一项补充和优化，是对河长制的一种深化和具体化，是专门为湖泊量身定制的。

在具体设置湖长时，湖长制要求总体不改变原有总河长、河长组织体系、以及河（湖）长制办公室等结构，但需对湖泊及入湖河道河（湖）长制组织体系适当进行优化完善。跨省的湖泊，由省级负责同志担任湖长；跨市地的湖泊，原则上由省级负责同志担任湖长；跨县的湖泊，原则上由市地级负责同志担任湖长。同时，湖泊所在市、县、乡分别设立湖长，实行网格化管理。

（二）湖长制的主要任务更有针对性

河长制与湖长制都提出了六大主要任务，但湖长制的任务更加具有针对性。

（1）湖长制将河长制中的第二大任务“加强河湖水域岸线管理保护”，细分为“水域空间管控”与“岸线管理保护”两大任务。其中，湖泊水域空间管控将更加严格，湖泊岸线管理保护将更加细化。在湖泊水域空间管控方面，湖长制强调“将湖泊及其生态缓冲带划为优先保护区，依法落实相关管控措施”；同时要求“严格控制跨湖、穿湖、临湖建筑物和设施建设，优化工程建设方案，采取科学合理的恢复和补救措施，最大限度减少对湖泊的不利影响”；最终强调“严格执行工程建设方案审查、环境影响评价等制度对流域、区域涉及湖泊开发利用的相关规划进行科学论证”。在湖泊岸线管理保护方面，湖长制将河长制中的“落实规划岸线分区管理要求”细化为“依据土地利用总体规划等，合理划分保护区、保留区、控制利用区、可开发利用区，明确分区管理保护要求”，并强调“严格控制开发利用强度，最大程度保持湖泊岸线自然形态，同时衔接沿湖土地开发利用和产业布局与岸线分区，为经济社会可持续发展预留空间”。

（2）湖长制将“加强水资源保护”与“加强水污染防治”合并为“加强湖泊水资源保护和水污染防治”这一主要任务。其中，对湖泊水污染防治方面的要求更加严格。湖长制在河长制“排查入河湖污染源”的前提下，明确要求“落实污染物达标排放要求，严格按照限制排污总量控制入湖污染物总量”及“严格落实排污许可证制度”，同时要求“加大管网建设和初期雨水收集处理设施建设，提高污水收集处理能力”及“严厉打击废污水直接入湖和垃圾倾倒等违法行为”。

（3）湖长制将“加强水环境治理”改为“加大湖泊水环境综合整治力度”。在保障饮用水水源安全方面，湖长制更加强调“确保饮用水安全”，提出了开展“饮用水水源地安全保障达标建设”。不同于河长制，湖长制还提出“加强湖区周边污染治理，开展清洁小流域建设”。另外，针对湖泊水体流动性差的特点，湖长制还提出“有条件的地区，可结合防洪、供用水保障等需要，因地制宜加大湖泊引水排水能力，增强湖泊水体的流动性，改善湖泊水环境”。总体来说，湖泊水环境综合整治力度更大。

（4）湖长制将“水生态修复”细化为“湖泊生态治理与修复”。针对生态环境良好湖泊，湖长制强调“应加大对其的严格保护，进一步提升湖泊生态功能和健康水平”。针对生态恶化的湖泊，提出“积极有序推进其治理与修复”，并将河长制提出的“稳步实施退田还湖还湿、退渔还湖，恢复河湖水系的自然连通”改为“加速实施”。在水生生物保护方面，湖长制在河长制基础上增加了“科学开展增殖放流”。最后，湖长制还提出“因地制宜推进湖泊生态岸线建设、滨湖绿化带建设、沿湖湿地公园和水生生物保护区建设”。由此可见，湖长制在水生态治理与修复方面的目标更加明确，任务更加细化，时间更加迫切。

（5）湖长制将“加强执法监督”改进为“健全湖泊执法监管机制”，针对湖泊入湖河流多的特点，提出“建立健全湖泊、入湖河流所在行政区域的多部门联合执法机制”，并要求在执法监管机制下，各部门要“集中整治湖泊岸线乱占滥用、多占少用、占而不用等突出问题，加强湖泊动态监管”。与河长制相比，湖长制在执法监管方面的要求更加突出。

第四节 湖长制的特殊性

在湖泊实施湖长制具有特殊性，具体如下：

（1）湖泊一般有多条河流汇入，河湖关系复杂，湖泊管理保护需要与入湖河流通盘考虑、统筹推进。

（2）湖泊水体连通，边界监测断面不易确定，准确界定沿湖行政区域管理保护责任较为困难。

（3）湖泊水域岸线及周边普遍存在种植养殖、旅游开发等活动，管理保护不当极易导致无序开发。

(4) 湖泊水体流动相对缓慢，水体交换更新周期长，营养物质及污染物易富集，遭受污染后治理修复难度大。

(5) 湖泊在维护区域生态平衡、调节气候、维护生物多样性等方面功能明显，遭受破坏对生态环境影响较大，管理保护必须更加严格。在湖泊实施湖长制，必须坚持问题导向，明确各方责任，细化实化措施，严格考核问责，确保取得实效。

在湖泊实施湖长制需要充分认识到湖泊的特殊性，具体如下：

(1) 充分认识湖泊功能的重要性。湖泊是水资源的重要载体，是江河水系、国土空间和生态系统的重要组成部分，具有重要的资源功能、经济功能和生态功能。全国现有水面面积 $1km^2$ 以上的天然湖泊 2865 个，总面积 7.8 万 km^2，淡水资源量约占全国水资源量的 8.5%。这些湖泊在防洪、供水、航运、生态等方面具有不可替代的作用，是大自然的璀璨明珠，是中华民族的宝贵财富，必须倍加珍惜、精心呵护。

(2) 充分认识湖泊生态的特殊性。与河流相比，湖泊水域较为封闭，水体流动相对缓慢，水体交换更新周期长，自我修复能力弱，生态平衡易受到自然和人类活动的影响，容易发生水质污染、水体富营养化，存在内源污染风险，遭受污染后治理修复难，对区域生态环境影响大，必须预防为先、保护为本，落实更加严格的管理保护措施。

(3) 充分认识湖泊问题的严峻性。长期以来，一些地方围垦湖泊、侵占水域、超标排污、违法养殖、非法采砂，造成湖泊面积萎缩、水域空间减少、水系连通不畅、水环境状况恶化、生物栖息地破坏，湖泊功能严重退化。虽然近年来各地积极采取退田还湖、退渔还湖等一系列措施，湖泊生态环境有所改善，但尚未实现根本性好转，必须加大工作力度，打好攻坚战，加快解决湖泊管护突出问题。

(4) 充分认识湖泊保护的复杂性。湖泊一般有多条河流汇入，河湖关系复杂，湖泊管理保护需要与入湖河流通盘考虑、协调推进；湖泊水体连通，边界监测断面难以确定，准确界定沿湖行政区域管理保护责任较为困难；湖泊水域岸线及周边普遍存在种植养殖、旅游开发等活动，如管理保护不当极易导致无序开发；加之不同湖泊差异明显，必须因地制宜、因湖施策，统筹做好湖泊管理保护工作。

第二章

湖长制的主要内容

第一节　湖长制的总体要求

一、指导思想

实施湖长制，必须深入贯彻党的十九大精神，以新时代中国特色社会主义思想为指导，牢固树立社会主义生态文明观，坚持节水优先、空间均衡、系统治理、两手发力，遵循湖泊的生态功能和特性，建立健全湖长组织体系、制度体系和责任体系，构建责任明确、协调有序、监管严格、保护有力的湖泊管理保护机制，为改善湖泊生态环境、维护湖泊健康生命、实现湖泊功能永续利用提供有力保障。

二、基本原则

把坚持人与自然和谐共生作为基本遵循。党的十九大要求，必须树立和践行绿水青山就是金山银山的理念，坚持节约资源和保护环境的基本国策，像对待生命一样对待生态环境。实施湖长制，必须牢固树立尊重自然、顺应自然、保护自然的理念，处理好保护与开发、生态与发展、流域与区域、当前与长远的关系，全面推进湖泊生态环境保护和修复，还湖泊以宁静、和谐、美丽。

把满足人民美好生活需要作为目标导向。党的十九大强调，既要创造更多物质财富和精神财富以满足人民日益增长的美好生活需要，也要提供更多优质生态产品以满足人民日益增长的优美生态环境需要。要紧紧抓住人民群众关心的湖泊突出问题，坚持预防为主、标本兼治，持续提升湖泊生态系统质量和稳定性，进一步增强湖泊生态产品生产能力，不断增进人民群众的获得感和幸福感。

把落实地方党政领导责任作为关键抓手。党政领导担当履职是全面推行河长制积累的宝贵经验，也是落实湖长制改革举措的关键所在。要坚持领导带头、党政同责、高位推动、齐抓共管，所有湖泊明确各级湖长，细化实化湖长职责，健全网格化管理责任体系，完善考核问责机制，落实湖泊生态环境损害责任终身追究制，督促各级湖长主动把湖泊管理保护责任扛在肩上、抓在手上。

把统筹湖泊生态系统治理作为科学方法。湖泊管理保护是一项十分复杂的系统工程。要充分认识湖泊的问题表现在水里、根子在岸上，加强源头控制，强化联防联控，统筹陆地水域、统筹岸线水体、统筹水量水质、统筹入湖河流与湖泊自身，增强湖泊管理保护的整体性、系统性和协同性。各部门要树立一盘棋观念，密切配合、协调联动，共同推进湖泊管理保护工作。

把鼓励引导公众广泛参与作为重要基础。在全面推行河长制工作的带动下，目前社会各界参与河湖管理保护的热情空前高涨。实施湖长制同样需要坚持开门治水，加大新闻宣传和舆论引导力度，建立湖泊管理保护信息发布平台，完善公众参与和社会监督机制，让湖泊管理保护意识深入人心，成为公众自觉行为和生活习惯，营造全社会关爱湖泊、珍惜湖泊、保护湖泊的浓厚氛围。

三、工作目标

《指导意见》规定：各省（自治区、直辖市）要将本行政区域内所有湖泊纳入全面推行湖长制工作范围，到2018年年底前在湖泊全面建立湖长制，建立健全以党政领导负责制为核心的责任体系，落实属地管理责任。

全面建立省、市、县、乡四级湖长体系。各省（自治区、直辖市）行政区域内主要湖泊，跨省级行政区域且在本辖区地位和作用重要的湖泊，由省级负责同志担任湖长；跨市地级行政区域的湖泊，原则上由省级负责同志担任湖长；跨县级行政区域的湖泊，原则上由市地级负责同志担任湖长。同时，湖泊所在市、县、乡要按照行政区域分级分区设立湖长，实行网格化管理，确保湖区所有水域都有明确的责任主体。

按照湖长制总体目标，将河流与湖泊的管理保护有机结合，同步部署、同步实施、同步考核，在持续深化和推进湖长制，逐步实现湖泊管理保护目标的同时，通过持续不断努力，使全省湖泊水环境功能全面恢复，水环境风险得到控制，生态系统得到恢复和改善，使湖泊成为维护良好生态系统的重要纽带、提升人民生活质量的优美空间、展现秀美河湖形象的生动载体。

第二节 湖长制的主要任务

一、严格湖泊水域空间管控

各地区各有关部门要依法划定湖泊管理范围，严格控制开发利用行为，将湖泊及其生态缓冲带划为优先保护区，依法落实相关管控措施。严禁以任何形式围垦湖泊、违法占用湖泊水域。严格控制跨湖、穿湖、临湖建筑物和设施建设，确需建设的重大项目和民生工程，要优化工程建设方案，采取科学合理的恢复和补救措施，最大限度减少对湖泊的不利影响。严格管控湖区围网养殖、采砂等活动。流域、区域涉及湖泊开发利用的相关规划应依法开展规划环评，湖泊管理范围内的建设项目和活动，必须符合相关规划并科学论证，严格执行工程建设方案审查、环境影响评价等制度。

严格湖泊水域岸线管控，着力优化水生态空间格局。依法划定湖泊管理保护范围，严禁以任何形式围垦湖泊、违法占用湖泊水域岸线，从严管控跨湖、穿湖、临湖建设项目和各项活动，确保湖泊水域面积不缩小、行洪蓄洪能力不降低，生态环境功能不削弱。要强化湖泊岸线分区管理和用途管制，合理划分保护区、保留区、控制利用区和可开发利用区，严格控制岸线开发利用强度，实现节约集约利用，最大程度保持湖泊岸线的自然形态。

夯实湖泊保护管理基础工作，着力维护湖泊健康生命。科学布设入湖河流及湖泊水质、水量、水生态等监测站点，收集分析湖泊管理保护的基础信息和综合管理信息，建立完善数据共享平台。组织制定湖泊名录，建立“一湖一档”，针对高原湖泊、内陆湖泊、平原湖泊、城市湖泊等不同湖泊的自然特性、功能属性和存在的突出问题，科学编制“一湖一策”方案，有针对性地开展专项治理行动，促进湖泊休养生息，让碧波荡漾的湖泊成为维护良好生态系统的重要纽带、提升人民生活质量的优美空间、展现美丽中国形象的生动载体。

二、强化湖泊岸线管理保护

强化湖泊岸线管理保护。实行湖泊岸线分区管理，依据土地利用总体规划等，合理划分保护区、保留区、控制利用区、可开发利用区，明确分区管理保护要求，强化岸线用途管制和节约集约利用，严格控制开发利用强度，最大程度保持湖泊岸线自然形态。沿湖土地开发利用和产业布局，应与岸线分区要求相衔接，并为经济社会可持续发展预留空间。

三、加强湖泊水资源保护和水污染防治

落实最严格水资源管理制度，强化湖泊水资源保护。坚持节水优先，建立健全集约节约用水机制。严格湖泊取水、用水和排水全过程管理，控制取水总量，维持湖泊生态用水和合理水位。落实污染物达标排放要求，严格按照限制排污总量控制入湖污染物总量、设置并监管入湖排污口。入湖污染物总量超过水功能区限制排污总量的湖泊，应排查入湖污染源，制定实施限期整治方案，明确年度入湖污染物削减量，逐步改善湖泊水质；水质达标的湖泊，应采取措施确保水质不退化。严格落实排污许可证制度，将治理任务落实到湖泊汇水范围内各排污单位，加强对湖区周边及入湖河流工矿企业污染、城镇生活污染、畜禽养殖污染、农业面源污染、内源污染等综合防治。加大湖泊汇水范围内城市管网建设和初期雨水收集处理设施建设，提高污水收集处理能力。依法取缔非法设置的入湖排污口，严厉打击废污水直接入湖和垃圾倾倒等违法行为。

结合实施国家节水行动，着力抓好湖泊水资源节约保护。坚持以水定需、量水而行、因水制宜，实行湖泊取水、用水、排水全过程管理，从严控制湖泊水资源开发利用，切实保障湖泊生态水量。强化源头治理，加强湖区周边及入湖河流工矿企业、城镇生活、畜禽养殖、农业面源等污染防治，推动建立以水域纳污能力倒逼陆域污染减排的体制机制。落实污染物达标排放要求，规范入湖排污口设置管理，确保入湖污染物总量不突破湖泊限制纳污能力。

加强农村环境综合整治。禁止使用高风险农药，推广使用有机肥和高效、低毒、低残留、易降解、低风险的农药，推行精确施肥、配方施肥等科学施肥技术，鼓励使用生物农药和采用病虫害绿色防控技术，推行农业清洁生产和农村清洁工程，防止水质污染。

四、加大湖泊水环境综合整治力度

按照水功能区区划确定各类水体水质保护目标，强化湖泊水环境整治，限期完成存在黑臭水体的湖泊和入湖河流整治。在作为饮用水水源地的湖泊，开展饮用水水源地安全保障达标和规范化建设，确保饮用水安全。加强湖区周边污染治理，开展清洁小流域建设。加大湖区综合整治力度，有条件的地区，在采取生物净化、生态清淤等措施的同时，可结合防洪、供用水保障等需要，因地制宜加大湖泊引水排水能力，增强湖泊水体的流动性，改善湖泊水环境。

五、开展湖泊生态治理与修复

实施湖泊健康评估。加大对生态环境良好湖泊的严格保护，加强湖泊水资源调控，进

一步提升湖泊生态功能和健康水平。积极有序推进生态恶化湖泊的治理与修复，加快实施退田还湖还湿、退渔还湖，逐步恢复河湖水系的自然连通。加强湖泊水生生物保护，科学开展增殖放流，提高水生生物多样性。因地制宜推进湖泊生态岸线建设、滨湖绿化带建设、沿湖湿地公园和水生生物保护区建设。实施湿地保护修复工程。编制湿地保护修复工程规划。坚持自然恢复为主、与湿地相结合的方式，对集中连片、破碎化严重、功能退化的自然湿地进行修复和综合整治，优先修复生态功能严重退化的国家和省、设区的市、县（市、区）重要湿地。通过污染清理、土地整治、地形地貌修复、自然湿地岸线维护、河湖水系连通、植被恢复、野生动物栖息地恢复、拆除围网、生态移民和湿地有害生物防治等手段，逐步恢复湿地生态功能，增强湿地碳汇功能，维持湿地生态系统健康。

推进湖泊系统治理与自然修复，着力提升生态服务功能。开展湖泊健康状况评估，系统实施湖泊和入湖河流综合治理，有序推进湖泊自然修复。加大对生态环境良好湖泊的保护力度，开展清洁小流域建设，因地制宜推进湖泊生态岸线建设、滨湖绿化带建设和沿湖湿地公园建设，进一步提升生态功能和环境质量。加快推进生态恶化湖泊治理修复，综合采取截污控源、底泥清淤、生物净化、生态隔离等措施，加快实施退田还湖还湿、退渔还湖，恢复水系自然连通，逐步改善湖泊水质。

六、健全湖泊执法监管机制

建立健全湖泊、入湖河流所在行政区域的多部门联合执法机制，完善行政执法与刑事司法衔接机制，严厉打击涉湖违法违规行为。坚决清理整治围垦湖泊、侵占水域以及非法排污、养殖、采砂、设障、捕捞、取用水等活动。建立日常监管巡查制度，实行湖泊动态监管。

健全湖泊执法监管机制，着力打击涉湖违法违规行为。建立健全多部门联合执法机制，完善行政执法与刑事司法衔接机制，依法取缔非法设置的入湖排污口，严厉打击废污水直接入湖和垃圾倾倒等违法行为，坚决清理整治围垦湖泊、侵占水域以及非法养殖、采砂、设障、捕捞、取用水等行为，集中整治湖泊岸线乱占滥用、多占少用、占而不用等突出问题。积极利用卫星遥感、无人机、视频监控等先进技术，实行湖泊动态监管，对涉湖违法违规行为做到早发现早制止早处理早恢复。

第三节　湖长制的保障措施

有了湖长只是万里长征第一步，让湖长制充分发挥作用、切实维护河湖健康，还需要付出更加艰辛的努力。下一步，在湖长制的工作保障中要全面贯彻新时代中国特色社会主义思想和党的十九大精神，认真落实“节水优先、空间均衡、系统治理、两手发力”治水方针，牢固树立绿水青山就是金山银山的理念，强化政治担当和使命担当，会同有关部门与地方各级党委政府，着力解决河湖管理保护中存在的突出问题，持续发力、久久为功，使湖长制从“有名”到“有实”，名实相副，确保湖长制落地生根、取得实效。

一、加强组织领导

各级党委和政府要以新时代中国特色社会主义思想为指导，把在湖泊实施湖长制作为全面贯彻党的十九大精神、推进生态文明建设的重要举措，切实加强组织领导，明确工作进展安排，确保各项要求落到实处。湖泊要明确各级湖长，进一步细化实化湖长职责，层层建立责任制。要落实湖泊管理单位，强化部门联动，确保湖泊管理保护工作取得实效。水利部要求全面推行湖长制工作部际联席会议要求联席会议各成员单位加强督促检查，指导各地区实施湖长制工作。

全国各地按照中央的决策部署，积极启动相关工作。一是成立协调推进机构。水利部成立了由主要负责同志任组长的全面推行湖长制工作领导小组，各地也成立相应的领导协调机构，加强组织指导、协调监督，研究解决重大问题，确保湖长制能够顺利全面推行。各级水行政主管部门要切实履行好河湖主管职责，全力做好湖长制的相关工作。二是逐级逐段落实湖长制。各地按照《意见》要求，明确本行政区内各级湖长，以及进一步细化明确主要河湖湖长及其各段湖长，实化湖长工作职责，做到守土有责、守土尽责、守土担责。三是成立各级湖长办公室。各地在湖长的组织领导下，建立各层级湖长办公室，明确牵头单位和组成部门，搭建工作平台，建立工作机构，落实湖长确定的事项。

二、夯实工作基础

按照“每条河流要有河长”的重要指示，进一步完善河长湖长体系，做到每一条河流都有河长、每一个湖泊都有湖长，确保全面建立河长制湖长制全覆盖、无死角。各地区各有关部门要抓紧摸清湖泊基本情况，组织制定湖泊名录，编制一河（湖）一档、一河（湖）一策，建设河湖长制信息化管理平台。将沟渠、小微水体等全部纳入河湖长制实施范围，逐一建立工作台账，分类指导，精准施策；建立入河、入湖排污口“身份证”制度，全覆盖开展实时监测；实施“互联网＋河湖长制”行动计划，整合水利、环保、住建、国土等信息资源，构建掌上治水圈；运用河长制湖长制 APP、卫星遥感、无人机巡河巡湖，实现湖长动态监管、智慧管水。抓紧划定湖泊管理范围，实行严格管控。对堤防由流域管理机构直接管理的湖泊，有关地方要积极开展管理范围划定工作。明确湖长职责，压紧压实总湖长对辖区内河湖管理保护的第一责任，盯住盯牢其他各级湖长对相应河湖管理保护的直接责任，形成党政牵头、部门协同，一级抓一级、层层抓落实的工作格局。

河湖管理范围的划定是县级以上地方人民政府的责任，是全面推行河湖长制的重要基础性工作，目前大部分省份还在推进这一项工作，有些已经划定河湖管理范围，但没有进行明显标示，无法根据划定的文件找出具体位置。要进一步加强对各地划定工作的指导，提出科学合理、简易可行的划定标准。针对各地“一河一策”“一湖一策”编制水平参差不齐的问题，建立“一河一策”“一湖一策”质量控制制度。此外，针对地方反映的目前全国河湖长制管理信息系统与地方系统对接较困难、信息更新较缓慢等问题，应加快推进相关工作，实现全国系统与地方系统的全面对接、数据共享、实时更新。

三、强化分类指导

湖长制的实施要有地区差异性。因各地河湖资源禀赋不同，存在问题的严重程度不同，经济社会发展水平不同，全面推行河湖长制以来，各地工作重点任务和工作方案要有明显的地区差异性。各地区各有关部门要针对高原湖泊、内陆湖泊、平原湖泊、城市湖泊等不同类型湖泊的自然特性、功能属性和存在的突出问题，因湖施策，科学制定“一湖一策”方案，进一步强化对湖泊管理保护的分类指导。

各地要抓紧摸清本行政区内河湖基本情况，建立河湖名录、编制一河（湖）一档、制定一河（湖）一策，为每条河流、每个湖泊制定全面系统的治理保护方案。要大力实施国家节水行动，强化水资源消耗总量和强度指标控制，严格规划水资源论证、取水许可和用水定额管理，实现供水、用水、耗水、排水全过程精细化管理。要开展河湖生态水量状况调查评价，合理确定不同来水情况下河流主要控制断面生态水量（流量）及湖泊、水库、地下水体水位控制要求，保障河湖基本生态水量。要依法划定河湖管理保护范围，严禁以各种名义侵占河道、围垦湖泊、非法采砂，严格涉河湖活动管控。要合理划分岸线保护区、保留区、控制利用区和可开发利用区，严格控制岸线开发利用强度，实现岸线资源节约集约利用。要扩大水源涵养空间，恢复水系自然连通，加强水土流失预防监督和综合整治，建设生态清洁小流域，构建河湖绿色生态廊道。

针对河湖管理存在的乱占、乱采、乱堆、乱建等突出问题，部署开展定期的“清四乱”行动，严格执行发现一处、清理一处、销号一处。各地也要针对河湖管理保护中存在的突出问题，组织开展专项整治行动，严厉打击涉河湖违法违规行为。对一些能够立竿见影的工作，如河岸垃圾清理、水面保洁、河道清障等，要马上行动，集中力量打歼灭战；对于水资源短缺、水污染治理、水生态修复等长期工作，要明确治理措施和责任部门，列出时间表，分阶段打好攻坚战。

另外，要建立健全河湖长制培训体系。大多数河（湖）长履职不到位是思想认识不到位，一些基层河（湖）长履职能力也有待提高。建议出台加强河（湖）长制培训的指导意见，建立逐级培训体系，委托专业团队定期组织专题培训班，对各级河（湖）长、河（湖）长办工作人员进行轮训。同时，应大力推动河（湖）长制进党校，在各级党校、干部培训时开设河（湖）长制专题，组织熟悉工作的专家授课，进一步提高各级河湖长对全面推行河湖长制工作的认识。

四、完善监测监控

完善监测监控。各地区要科学布设入湖河流及湖泊水质、水量、水生态等监测站点，建设信息和数据共享平台，不断完善监测体系和分析评估体系。要积极利用卫星遥感、无人机、视频监控等技术，加强对湖泊变化情况的动态监测。跨行政区域的湖泊，上一级有关部门要加强监测。

各地要结合实际推动河长制湖长制立法，建立健全涉湖项目建设管理、水域和岸线保护、湖岸采砂管理、水域占用补偿和岸线有偿使用等制度规定，制定完善相关技术标准，使河湖管理有法可依、有章可循。要配齐配强河湖长办人员，落实河湖管理、执法、巡查、保洁等相关人员、经费和设备，加大对各级河长湖长特别是基层工作人员的培训力度。要科学布设河湖水量、水质、泥沙、水生态等监测站点，收集分析河湖管理保护的基础信息和综合管理信息，建立完善互联互通的数据共享平台。要完善流域统筹协调机制，发挥流域机构在综合协调、监测监控等方面的重要作用，推进流域区域协调联动，增强河湖管理保护的整体性、系统性。

五、严格考核问责

严格考核问责。各地区要建立健全考核问责机制，县级及以上湖长负责组织对相应湖泊下一级湖长进行考核，考核结果作为地方党政领导干部综合考核评价的重要依据。实行湖泊生态环境损害责任终身追究制，对造成湖泊面积萎缩、水体恶化、生态功能退化等生态环境损害的，严格按照有关规定追究相关单位和人员的责任。要通过湖长公告、湖长公示牌、湖长 APP、微信公众号、社会监督员等多种方式加强社会监督。

做到严格考核问责，首先要做到自身严格考核问责和外部强化监督。“打铁还需自身硬”，强化工作组内部监督考核，对没有落实任务、把守规范等行为严格追究，是确保全面推行湖长制任务落到实处、工作取得实效的重要保障。社会公众广泛参与是保障湖长制有效实施的重要监督手段。要切实抓好舆论宣传引导工作，提供多渠道监督平台，提高全社会对河湖保护工作的责任意识和参与意识。

（一）强化监督检查

水利部和各地水行政主管部门要对照《意见》及工作方案，加强对湖长制工作的督促、检查和指导，确保各项任务落实到实处。水利部将建立部领导牵头、司局包省、流域机构包片的湖长制工作督导检查机制，定期对各地湖长制实施情况开展专项督导检查。

水利部建立湖长制明察暗访机制，综合采用飞行检查、交叉检查、联合督查等方式，及时深入了解各级湖长履职和河湖管理保护情况，对发现的突出问题，采取约谈、通报、在媒体公开曝光等方式督促问题整改到位。各地要发挥湖长考核的指挥棒作用，上级湖长要组织好对下级湖长和相关部门的考核，量化考核指标，规范考核方式，强化考核结果运用，将考核结果作为地方领导干部综合考核评价的重要依据。要将河湖面貌改善和人民群众满意作为考核的重要标准，建立健全责任追究制度，对于责任单位和责任人履职不力的，严格追责问责。

（二）严格考核问责

各地要针对不同河湖存在的主要问题，实行差异化绩效评价考核，指定符合实际的考核办法，明确考核目标、主体、范围和程序，并将领导干部自然资源资产离任审计结果以及整改情况作为考核的重要参考，建立健全考核问责机制。县级以上湖长负责对相应下一级湖长进行考核，考核结果要作为地方党政领导干部综合考核评价的重要依据。实行生态环境损害责任终身追究制，对生态环境造成损害的，应严格按照有关规定追究责任。水利部将把全面推行湖长制工作纳入最严格的水资源管理制度考核中，生态环境部将把全面推行湖长制纳入水污染防治行动计划实施情况考核中。

（三）加强社会监督

（1）加强政策宣传解读，为群众普及湖长制相关知识。各地要以《意见》出台为契机，迅速组织精干力量对全面推行湖长制进行多角度、全方位的宣传报道，准确解读湖长制工作的总体要求、目标任务、保障措施等，为全面推行湖长制营造良好的舆论环境。

（2）充分利用媒体将政策传播到公众之间。利用报刊、广播、电视、网络、微信、微博等媒介搭建河湖管理保护信息发布平台，向社会公告湖长名单，并推广湖长制的相关内容，另外在河湖岸边显著位置树立湖长公示牌，标明湖长职责、河湖概况、管护目标、监督电话等内容，接受社会和群众监督。聘请社会监督员对河湖管理保护效果进行监督和评价。

（3）积极引导公众广泛参与。河长制湖长制赢得了广大群众普遍支持，全社会共抓河湖保护的局面逐步形成。有的积极推进湖长制进企业、进校园、进社区、进农村；有的设立“党员湖长”“企业湖长”等民间河长和志愿者服务队；有的采取河湖区域认养、政府购买服务、PPP 等方式吸引社会资本参与河湖巡查、保洁和治理；有的通过“村规民约”“微行动”“生态绿币”，成立河长学院、设立河长办博士工作站等方式，动员广大群众积极参与。

各地要积极引导、规范涌现出的民间湖长行为，充分发挥其作用，将其作为党政湖长的有益补充。要完善公众参与和社会监督机制，及时掌握、主动曝光湖长制推行过程中的突出问题，督促按时解决。要加强新闻宣传和舆论引导，广泛宣传河长制湖长制的好经验、好做法、好举措和河湖治理保护成效，让湖泊管理保护意识深入人心，成为公众的自觉行为和生活习惯。水利部将利用“世界水日”“中国水周”等重要节点，加大对河长制湖长制工作的宣传力度，营造全社会关爱河湖、珍惜河湖、保护河湖的浓厚氛围。

第四节　湖长制工作方案与实施案例

一、成都市湖长制工作方案

为深入贯彻落实中共中央办公厅、国务院办公厅印发《关于在湖泊实施湖长制的指导意见的通知》（厅字〔2017〕51 号）精神和中共四川省委办公厅、四川省人民政府办公厅印发《关于全面落实湖长制的实施意见的通知》（川委办〔2018〕33 号）要求，进一步加强全市湖泊管理保护工作，现结合我市实际提出如下实施意见。

（一）总体要求

（1）指导思想。坚持以新时代中国特色社会主义思想为指导，深入学习贯彻党的十九大精神和对四川及成都工作系列重要指示精神，牢固树立和全面落实新发展理念，深刻领会和准确把握绿水青山就是金山银山重要思想，坚定践行良好生态环境是最普惠民生福祉的宗旨要求、山水林田湖草是生命共同体的系统思想，认真落实省委十一届三次全会、市委十三届三次全会精神和全省、全市生态环境保护大会精神，紧紧围绕新时代成都“三步走”战略目标，全面提升湖泊的生态功能特性，进一步深化河长制，全面实行湖长制。坚持预防为先、保护为主、依法管护，坚持问题导向和“谁污染、谁负责、谁治理”原则，构建责任明确、协调有序、监管严格、保护有力的湖泊管理保护机制，为改善湖泊生态环境、维护湖泊健康生命、实现湖泊功能永续利用提供重要制度保障，筑牢长江上游生态屏障，推动形成人与自然和谐共生的发展新格局，为建设美丽宜居公园城市提供有力支撑。

（2）基本原则。

1）坚持人与自然和谐共生。坚持以全面落实河长制为基础，牢固树立尊重自然、顺应自然、保护自然的生态文明理念，处理好湖泊管理保护与开发、生态与发展、流域与区域、当前与长远的关系，全面推进湖泊生态环境保护和修复。

2）坚持绿水青山就是金山银山。坚持保护与发展辩证统一，建立湖泊资源生态环境优势转化为发展优势的体制机制，坚定不移走生态优先绿色发展之路。

3）坚持良好生态环境是最普惠民生福祉。坚持预防为主、保护优先、标本兼治，持续提升湖泊生态系统质量和稳定性，不断增进人民群众的获得感和幸福感。

4）坚持山水林田湖草是生命共同体。加强源头控制，统筹陆地水域、岸线水体、水量水质、入湖泊河流与湖泊等各个要素，坚持科学治理，切实增强湖泊管理保护的整体性、系统性和协同性。

5）坚持党政领导和部门协同。建立健全以党政领导负责制为核心，部门履职尽责、齐抓共管的湖泊管护责任体制，明确湖泊各级湖长，细化实化湖长职责，强化工作措施，协调各方力量，严格考核问责，形成一级抓一级、层层抓落实的工作格局。

6）坚持鼓励引导公众广泛参与。坚持开门治水，拓展公众参与渠道，加大新闻宣传和舆论引导力度，完善公众参与和社会监督机制，让湖泊管理保护意识深入人心，营造全社会关爱湖泊、珍惜湖泊、保护湖泊的浓厚氛围。

（3）主要目标。2018年12月底前，全面建立与河长制紧密衔接的市、区（市）县、乡镇（街道）、村（社区）四级湖长体系，健全以党政领导负责制为核心的责任体系，落实属地治理管理保护责任；编制完成全市湖库等水域（指水库、人工景观湖、人工湿地等）名录，公示公告市、区（市）县、乡镇（街道）级湖长；研究提出年度工作目标、问题、任务（措施）、责任“四张清单”，完善“一河一档”“一湖一档”，完成市级“一河（湖）一策”管理保护方案。2019年6月底前，编制完成区（市）县、乡镇（街道）级“一河（湖）一策”管理保护方案。

到2020年，基本完成全市主要江河湖库管理与保护范围划定，重点生态区得到有效保护与修复，开发利用得到有效管控，确保全市河湖数量不减，面积、形态总体稳定，公益性功能不衰减，生态宜居与防洪、供水、灌溉、生态要求相适应；作为饮用水水源地的湖库等水域水质全面达标，集雨区内汇入湖库等水域的水污染物排放总量持续下降，纳入成都市地表水监测的江河湖库达到“十三五”考核要求，水生态环境质量明显改善提升。

到2025年，全市黑臭水体总体消除，重点江河湖库水质全面达标，基本实现河湖生态健康、功能永续利用。

（二）组织形式

（1）实施范围。将全市行政区域内所有库容10万m^3以上的建成水库、蓄水量10万m^3以上的人工景观湖及人工湿地等水域纳入全面推行湖长制工作范围，蓄水量10万m^3以下的人工景观湖、人工湿地、塘堰等水域由各地根据实际补充纳入湖长制实施范围，实现河长制湖长制无缝衔接、全面覆盖、网格化管理。

（2）组织体系。实行市总河长负责制，湖长制工作纳入河长制工作体制机制，与河长制工作统一部署、统一推进、统一落实、统一督查、统一考核。

建立市、区（市）县、乡镇（街道）、村（社区）四级湖长体系，按照行政区域分级设立湖长，由所在流域的相应层级河长担任。大型水库及水域跨市（州）、区（市）、县行政区域且作用重要的湖库（即紫坪铺水库、三岔水库、龙泉湖），设立市级湖长，由所在流域的市级河长担任；跨乡镇（街道）行政区域或作用重要的湖库等水域，由所在流域的县级河长担任湖长；跨村（社区）行政区域或作用重要的湖库等水域，由所在流域的乡级河长担任湖长。设立湖长的湖库要统一规范设立湖长公示牌。

（3）工作职责。湖泊最高层级的湖长为第一责任人，对湖泊的管理保护负总责，其他各级湖长负直接责任。各级湖长负责贯彻落实中央、省、市河长制湖长制工作部署，组织领导相应湖库与入湖库河流的管理保护工作，统筹本辖区水污染防治、水环境治理、水资源保护和防洪安全、供水安全、水生态安全等方面工作，具体包括：牵头制定并实施“一河（湖）一策”管理保护方案，明确年度工作目标、问题、任务（措施）和责任“四张清单”；依法组织整治围垦湖泊、侵占水域、超标排污、违法养殖、私设排污口、乱倒垃圾、非法采（洗）砂等突出问题；对跨区域的湖库明晰管理责任，统筹协调关联河流联防联控；督促指导下一级湖长履职尽责，对下一级湖长履职情况及年度目标任务完成情况督查督导、考核评估和激励问责；统筹协调解决管理保护的重点、难点问题。

市级湖长联系单位原则上为相应流域的市级河长联系单位，各级河长制办公室成员单位按照职能和《中共成都市委、成都市人民政府关于全面实行河长制管理工作的实施意见》（成委发〔2017〕4号）的职责分工，对辖区内湖库等水域管理保护工作负指导监管、协调督查责任，协同推进各项工作。各级河长制办公室履行统筹协调、监督指导、督查督办、考核通报职责，统一负责河长制湖长制具体组织实施工作。

（三）主要工作任务

（1）严格管控水域空间。

1）依法划定重点河流、湖泊、水库等水域管理保护范围，明确管理界限，设立界桩等保护标志，依法依规确定管理范围内的土地使用权属，严格控制开发利用行为，将湖泊及其生态缓冲带划分为优先保护区，依法落实相关管控措施。

牵头单位：市水务局；责任单位：市国土局、市环保局、市规划局、市农委、市林业园林局；实施单位：各区（市）县党委和政府。

2）严格控制湖库等水域的跨越、穿越、临水建筑物和设施建设，确需建设的重大项目和民生工程，按规定履行审批程序，优化工程建设方案，采取科学合理的恢复和补救措施，最大限度减少不利影响。

牵头单位：市发改委；责任单位：市国土局、市环保局、市建委、市规划局、市交委、市水务局、市农委、市林业园林局；实施单位：各区（市）县党委和政府。

3）涉及湖库等水域开发利用的流域、区域相关规划应依法开展规划环境影响评价。湖库等水域管理范围内的建设项目和活动，必须符合相关规划及规划环境影响评价要求，并科学论证，严格执行工程建设方案审查、环境影响评价等制度。

牵头单位：市环保局；责任单位：市发改委、市建委、市规划局、市水务局、市林业园林局；实施单位：各区（市）县党委和政府。

4）持续开展河道、湖泊、湿地等水域沿线违规违建项目拆除行动，严禁以任何形式围垦、违法占用河道、湖泊、水库、湿地等水域。

牵头单位：市城管委、市国土局、市水务局；实施单位：各区（市）县党委和政府。

5）加强对湖库等水域围网养殖、非法采砂取土等突出问题的监督排查。

牵头单位：市水务局、市农委；责任单位：市国土局、市林业园林局；实施单位：各区（市）县党委和政府。

（2）强化岸线管理保护。

1）实行湖库等水域岸线分区管理，严格按照《成都市蓝线规划》，依据土地利用总体规划等，合理划分保护区、保留区、控制利用区、可开发利用区，明确分区管理保护要求，强化岸线用途管制和节约集约利用，支持生态旅游发展，严格控制开发利用强度，最大程度保持湖泊岸线自然形态，逐步恢复湖泊、水库岸线生态功能。

牵头单位：市水务局；责任单位：市发改委、市国土局、市环保局、市规划局、市林业园林局、市旅游局；实施单位：各区（市）县党委和政府。

2）沿湖库等水域土地开发利用和产业布局，应与岸线分区要求相衔接，并为经济社会可持续发展预留空间。

牵头单位：市国土局；责任单位：市发改委、市经信委、市规划局；实施单位：各区（市）县党委和政府。

（3）加强水资源保护和水污染防治。

1）落实最严格水资源管理制度，强化湖库等水域水资源保护。严格湖库取水、用水和排水全过程管理，控制取水当量。严控湖库水资源开发利用，强化水资源承载能力对经济社会发展的刚性约束，加强规划水资源论证，严格建设项目水资源论证和取水许可管理，落实因水制宜、量水而行，对取用水总量已达到或超过控制指标的地区，暂停审批建设项目新增取水；对取用水总量接近控制指标的地区，限制审批建设项目新增取水，以维持湖库等水域生态用水和合理水位。

牵头单位：市水务局；责任单位：市发改委、市规划局；实施单位：各区（市）县党委和政府。

2）坚持节水优先，建立健全集约节约用水机制，加快推进工业节水，大力推进重点领域和关键环节的节水工作；加大农业节水力度，大力发展高效节水灌溉，切实提高农田灌溉水有效利用系数；积极推进城镇生活节水，推进城市中水回用和雨水利用，积极开展公共机构节水型单位创建和水效领跑者引领行动，全面提高用水效率。

牵头单位：市水务局；责任单位：市发改委、市经信委、市教育局、市财政局、市建委、市城管委、市农委、市机关事务局；实施单位：各区（市）县党委和政府。

3）深入推进治污减排，加强污染源监管，落实污染物达标排放要求，加强水环境监测能力建设。严格按照限制排污总量控制入湖库污染物总量，污染物总量超过水功能区限制排污总量的，应认真排查污染源，制定实施限期整治方案，明确年度污染物削减量，逐步改善湖库等水域水质；水质达标的，应采取措施确保水质不退化。

牵头单位：市环保局、市水务局；责任单位：市发改委、市经信委、市农委；实施单位：各区（市）县党委和政府。

4）严格落实排污许可证制度，将治理任务落实到湖泊、水库汇水范围内各排污单位，逐步推进固定污染源排污许可证核发。加强对湖库周边及入湖库河流工矿企业污染、城镇生活污染、畜禽养殖污染、农业面源污染、内源污染等综合防治。

牵头单位：市环保局；责任单位：市发改委、市经信委、市水务局、市农委；实施单位：各区（市）县党委和政府。

5）加大湖泊、水库汇水范围内城市生活污水管网建设和初期雨水收集处理设施建设，提高生活污水收集处理能力。

牵头单位：市水务局；责任单位：市建委；实施单位：各区（市）县党委和政府。

6）进一步加强入湖库排污口排查监管和治理，依法取缔非法设置的排污口，严厉打击废污水直排和垃圾倾倒等违法违规行为。

牵头单位：市水务局、市环保局；责任单位：市经信委、市公安局、市城管委、市农委；实施单位：各区（市）县党委和政府。

（4）加大水环境综合整治力度。

1）强化水功能区水质管护，推进湖泊、水库水环境整治，限期完成存在黑臭水体的湖泊和入湖河流整治，确保水功能区水质如期达标。

牵头单位：市水务局；责任单位：市经信委、市国土局、市环保局、市农委；实施单位：各区（市）县党委和政府。

2）加强饮用水源生态环境管理，在作为饮用水水源地的湖泊、水库、河道，开展饮用水水源地规范化建设和安全保障达标建设。

牵头单位：市环保局；责任单位：市国土局、市水务局、市农委；实施单位：各区（市）县党委和政府。

3）加强湖区、库区周边污染监管和综合治理。开展清洁小流域建设，加大综合整治力度，多方筹措资金，私极开展湖泊、水库、湿地、塘堰清淤疏浚、岸坡整治、水系联通等集中整治，提高水源调配能力、防灾减灾能力和保护能力。有条件的，可采取生物净化、生态清淤等措施改善水环境。

牵头单位：市水务局；责任单位：市经信委、市财政局、市环保局、市农委；实施单位：各区（市）县党委和政府。

4）结合防洪、供用水保障等需要，因地制宜加大湖泊、水库引水排水能力，增强水体的流动性。

牵头单位：市水务局；实施单位：各区（市）县党委和政府。

5）深入实施"成都治水十条"推进重拳治水。按照《实施"成都治水十条"推进重拳治水工作方案》要求，采取截污、清淤、补水、关闭禁养区养殖场、关闭违法排污企业、建设污水收集管网等多种举措，加大湖泊水库水环境治理力度。

牵头单位：市水务局；责任单位：市河长制办公室成员单位；实施单位：各区（市）县党委和政府。

（5）开展生态治理与修复。

1）实施湖泊、水库、湿地健康评估，建立健全评估制度、评估标准和评估指标体系，摸清湖泊、水库、湿地的生态系统状况与社会服务功能状况。

牵头单位：市环保局、市水务局；责任单位：市农委、市林业园林局；实施单位：各区（市）县党委和政府。

2）加强湖泊和水库水资源调控，进一步提升湖泊、水库、湿地生态功能和健康水平。

牵头单位：市水务局；责任单位：市环保局、市农委、市林业园林局；实施单位：各区（市）县党委和政府。

3）加强水生生物保护。科学开展增殖放流，逐步建立珍稀鱼类资源保护区、种质资源保护区，制定重点流域水生生物多样性保护方案，提高水生生物多样性。

牵头单位：市农委、市水务局；实施单位：各区（市）县党委和政府。

4）加大对生态环境良好湖泊、水库、湿地的管理保护，积极有序推进生态恶化湖库等水域的治理与修复，加快实施退田还湖还湿、退渔还湖，逐步恢复河湖消化的自然联通。

牵头单位：市水务局、市农委；责任单位：市环保局、市林业园林局；实施单位：各区（市）县党委和政府。

5）加强水土保持预防监督和水土流失综合治理。贯彻实施水土保持法律法规，加大水土保持防治投入力度，积极探索和建立水土保持防治的多元化投入保障机制，维护湖泊和水库生态环境。

牵头单位：市水务局；责任单位：市财政局、市国土局、市环保局、市林业园林局；实施单位：各区（市）县党委和政府。

6）因地制宜推进湖库等水域生态岸线和滨湖绿化带建设，加快水生生物保护区、河湖公园（水利风景区）、湿地公园、乡村湿地、小微湿地、幸福美丽新村、水美乡村等建设。

牵头单位：市水务局、市林业园林局；责任单位：市发改委、市经信委、市环保局、市农委、市旅游局；实施单位：各区（市）县党委和政府。

7）大力推进流域水生态治理。按照“一年冲刺，两年决战，三年达标”的时序要求，全面启动岷江、沱江水生态治理工作，同步加强流域重点湖泊、水库、湿地等综合治理，进一步改善岷江、沱江水质，提升城市宜居性和舒适度，满足人民群众日益增长的美好生活需要。

牵头单位：市水务局；责任单位：市河长制办公室成员单位；实施单位：各区（市）县党委和政府。

（6）健全执法监管机构。

1）建立健全多部门联合执法机制，完善行政执法与刑事司法衔接机制，严厉打击涉水违法违规行为。

牵头单位：市检察院、市公安局、市环保局、市水务局；责任单位：市河长制办公室成员单位；实施单位：各区（市）县党委和政府。

2）开展专项行动，坚决清理整治围垦、侵占水域和非法排污、养殖、采砂、设障、捕捞、取用水以及乱倾乱倒等行为。集中整治湖库等水域岸线乱占滥用、多占少用、占而不用等突出问题。建立日常监管巡查制度，加强信息化、数字化技术运用，实行湖库等水域的动态监管，对涉湖违法违规行为做到早发现、早制止、早处理、早恢复。

牵头单位：市水务局；责任单位：市公安局、市环保局、市城管委、市农委、市林业园林局；实施单位：各区（市）县党委和政府。

（四）保障措施

（1）加强组织领导。各级党委、政府要把落实湖长制作为推进生态文明建设的重要举措，切实加强组织领导和统筹协调，落实工作力量，强化人力财力物力配套，明确工作进展安排，确保各项工作落地落实。各区（市）县、乡镇（街道）要进一步细化实化湖长职责，层层建立责任制，重心下移，工作下沉，充分发挥乡镇（街道）、村（社区）两级河长湖长的前沿作用。落实湖库等水域管理单位，强化部门联动，确保管理保护工作取得实效。各区（市）县党委和政府每年 12 月 10 日前将本年度贯彻落实河长制湖长制工作情况报市委、市政府。

(2) 夯实工作基础。构建完善责任明确、协调有序、监管严格、保护有力的湖库管理保护机制，摸清基本情况，建立“一河（湖）一档”，完善湖库等水域名录体系及基础信息数据库。编制“一河（湖）一策”管理保护方案，以整个湖泊为单元编制，并与入湖河流管理保护方案相衔接，切实解决湖泊管理保护中存在的突出问题。重要水库、湿地的管理保护方案纳入相应“一河（湖）一策”管理保护方案。

(3) 加快信息化建设。加快河长制湖长制管理系统平台建设，推动湖长制信息化高效化智慧化管理；完善监测监控，加快水质、水量、水生态等监测站点以及信息和数据共享平台建设，不断完善监测体系和分析评估预警体系。跨辖区的湖库等水域，上一级有关部门要加强监测。

(4) 加大资金投入。各级财政要加大河长制湖长制工程建设、水环境治理和日常管护的投入力度，创新投融资理念，多元化、多渠道筹措资金。强化资金整合，积极发挥财政资金的杠杆作用，引导社会资金参与，全力推动河长制湖长制工作顺利开展。健全环境污染防治和水资源保护市场机制，培育壮大环境污染防治和水资源保护市场主体，健全社会资本投资回报机制。

(5) 严格考核问责。建立健全考核问责机制，湖长制工作纳入市委、市政府目标管理，考核结果作为各级党政领导干部综合考核评价的重要依据，作为领导干部自然资源资产离任审计和生态环境损害责任追究的重要内容。定期不定期开展督导检查和专项行动，通报各地湖长制工作绩效情况。对湖长制工作执行不力，人为造成湖库等水域面积萎缩、水质恶化、生态功能退化等生态环境损害的，或引发供水安全事故、防洪安全事故、水污染事件的，依法依纪严肃追究相关单位和人员的责任。

(6) 建立补偿机制。按照“超标者扣缴、改善者奖励”的原则，建立完善水生态补偿机制，积极推进生态保护补偿试点建设，建立多元化补偿投入机制。加强湖泊、水库等水域的水质、水量、水生态在线监测，实行资金奖励扣缴制度，进一步强化属地政府水生态环境保护的自觉性。

(7) 动员社会参与。加快设置湖长公示牌，公示湖长姓名、职责、湖库塘及湿地概况、管护目标、监督电话等内容，主动接受社会监督。畅通群众投诉举报渠道，鼓励社会力量参与。积极推行环境公益诉讼制度，最大限度保障群众环境权益。开展“关爱河流湖泊”志愿服务，加强新闻宣传引导，增强社会各界水环境保护的责任意识和参与意识，营造全社会关心、关爱、保护江河湖库的良好氛围。

二、江西省湖长制工作实践与成效

2018 年 5 月，江西省委办公厅、省政府办公厅印发了《关于在湖泊实施湖长制的工作方案》（赣办字〔2018〕17 号），并将湖长制工作内容纳入河长制组织体系、责任体系和制度体系，一同部署，一同推进，一同落实，一同考核，形成了河长制湖长制工作“江西样板”。

（一）江西省湖泊概况

江西地处长江之南，水系发达，河流众多，湖泊水库星罗棋布。境内水系主要属长江流域，占 97.4%。拥有全国最大的淡水湖泊——鄱阳湖，流域面积 16.22 万 km^2，约占长江流域面积的 9%，其中 15.67 万 km^2 位于江西省境内，占整个流域面积的 96.6%。

全省常年水面面积 $1km^2$ 以上的湖泊 86 个，水库总量 10819 座，总库容 320.81 亿 m^3。

（二）江西省湖长制工作的特点及成效

江西省委、省政府主要领导高位推动，各级河（湖）长积极履职，责任单位联动配合，全省上下齐心协力，以清河行动和流域生态综合治理为抓手，奋力打造河长制升级版，实现了从“有名”到“有实”，河湖管护成效显著。

（1）坚持党政同责。按区域在省、市、县（市、区）、乡（镇、街道）行政区域内设立总湖长、副总湖长，由行政区域党委、政府主要领导分别担任；江西省委书记、省长分别担任省级总湖长和副总湖长。

按流域设立省、市、县、乡（镇、街道）、村（居）五级湖长。鄱阳湖、太泊湖设立省级湖长，由省委、省人大常委会、省政府、省政协相应领导分别担任，对口副秘书长（对口专门委员会主任委员或专职副主任）协助开展工作。

各级检察机关分别在省、市、县三级水行政主管部门设立了生态检察室，共设立省级生态检察室 1 个、市级生态检察室 11 个、县级生态检察室 100 个。

（2）夯实基础工作，制度体系走向健全。

1）率先修订完成工作方案。2018 年以来，有湖泊的市、县、乡实施湖长制工作方案已全部出台。

2）完善制度体系。坚持制度先行，不断优化制度建设，江西省政府办公厅先后出台并修订完善河长制坚持制度先行，不断优化制度建设，江西省政府办公厅先后出台并修订完善河长制湖长制会议制度、信息工作制度、工作督办制度、工作考核办法、工作督察制度、验收评估办法、表彰奖励办法 7 项制度，形成了一套比较完备的工作制度体系。

3）不断健全法规体系。2018 年省人大常委审议通过并颁布实施的《江西省湖泊保护条例》将河长制湖长制写入其中。2018 年 12 月，《江西实施河长制湖长制条例》已在江西省十三届人大常委会第九次会议审议通过，于 2019 年 1 月 1 日起正式实施，为各级党委政府持续推进河长制湖长制提供法律支撑，逐步实现从“有章可循”到“有法可依”。同时，新余市人大出台了《仙女湖水体保护条例》，吉安市出台了《吉安市水库水质保护条例》等。

4）加强基础保障工作。编制完成了《江西省河湖名录》，省、市、县、乡四级河湖的“一河（湖）一档”“一河（湖）一策”全面完成。推进省级河长制河湖管理信息平台建设及上线运行。江西省财政安排专项资金 2.5 亿元加大河长制湖长制宣传力度。

（3）强化监督考核，验收评估全面到位。

1）加强巡湖督导检查。2016—2018 年，各级河（湖）长巡河督导、河长制湖长制工作日常监督检查 40 万余次，全省设立河长制湖长制公示牌 1.3 万多块，并公布投诉举报电话接受社会监督。

2）开展人大、政协监督。2018 年 5—6 月，江西省人大常委会开展河长制湖长制实施情况调研，并听取审议江西省政府实施河长制湖长制情况，有力促进了湖长制各项任务的落实。

3）强化考核约谈。江西省政府将河长制湖长制工作纳入对市县科学发展综合考评（高质量发展）体系和省政府对省直部门的绩效考核责任体系。

（4）加大部门协同力度，联动格局基本形成。江西省政府将涉及河长制湖长制工作的24家省直部门确定为河长制湖长制省级责任单位，进一步明确各责任部门的职责和任务，通过总河（湖）长会议、河（湖）长巡河、联席会议、联络员会议及信息简报等平台，及时通报各地各部门履职情况，研究解决河长制湖长制工作推进中遇到的困难和问题，形成较好的协作联动机制。

（三）存在问题和工作思考

（1）存在的问题。思想认识还不到位，责任落实有待加强；影响水环境的问题点多面广，湖泊保护文物仍然艰巨；部门和上下游协作的工作机制有待加强；基层河长办能力建设有待提升。

（2）工作思考。

1）坚持水岸同治，持续推进问题整治。以问题为导向，坚持水岸同治，协调推进鄱阳湖流域生态环境专项整治，以问题整改倒逼绿色发展和生产方式、生活方式转变，最大限度维护湖泊健康。

2）突出督查督办，提升工作实效进一步落实各级湖长及责任单位的工作责任，完善健全湖长制组织体系、责任体系、制度体系、监督检查和考核评估，推进湖长制法治化、标准化、信息化建设，特别是加强河湖突出问题的督察督办，抓好“收集-归类-分办-督办-调度-跟踪-核实-销号”各个环节，实行“闭环销号”。对整改工作不力的地方和部门，实行通报和提请湖长开展约谈，推动问题有效解决。

3）健全制度机制，完善湖泊管护长效机制。推进《江西省实施河长制湖长制条例》立法进程，督促各级河（湖）长履职和各级责任单位履行法定职责，形成河湖保护管理工作合力。进一步落实湖泊管护主体、责任和经费，发挥社会参与、民间监督的作用，推进湖泊管护常态化。

三、临沂市湖长制管理存在的问题及对策

（一）基本概况

2018年2月，临沂市出台了《临沂市全面实行湖长制实施方案》，方案明确全市901座水库全部纳入湖长制，全面落实了市、县、乡、村四级河湖长湖长体系，落实四级湖长2627名，其中市级湖长7名，县级湖长31名，乡镇级湖长863名。基本构建起了责任明确、协调有序、监管严格、保护有力的河湖管理保护体制和良性运行机制，河湖保护成效日益显现。同时开展了“清河行动”，实行河湖长制工作交办单制度，认真组织“一河（湖）一策”与岸线利用管理规划编制与审查工作，开展河湖长制专题宣传培训活动，等等，河湖长制工作取得了良好的效果。

（二）存在的问题

（1）湖泊管护责任主体不明确。对湖泊确权划界和岸线保护利用规划编制工作的重要性认识还不到位。为实现河湖管护属地主体责任明确，按照省河湖长办要求，临沂市积极设立河湖管理员，但河湖管理员、管护经费到位不及时。

（2）涉水问题整治力度有待提高。河湖非法采砂已经成为当前河湖管理的重点难点问题，对河势稳定、防洪安全和生态安全都造成了巨大影响。

（3）生态安全亟待提高。湖泊执法、管护应不断加强，污水处理能力及处理标准有待

提高。

（4）与体制较先进地区有差距。与浙江、江苏等省份相比，最大的差距就是体制，河湖长制涉及工作范围局限于水利部门层面。水环境污染表象在河里，根源在岸上，水利管不了岸上问题，很难实现“源头治理”的目的。

（三）对策建议

（1）加强湖长履职管理。各级湖长要切实履职尽责，巡湖要形成常态，做到重要情况亲自调研、重点工作亲自部署、重大方案亲自把关、关键环节亲自协调、焦点问题亲自督导，把节点要点敲紧夯实。各湖长联系单位是湖长的参谋部、作战部，要做好参谋、策划、沟通、协调、服务工作，确定好目标任务，做好顶层设计，制定好“一湖一策”，组织综合治理，抓好督查督办，当好湖长的参谋助手。各级湖长办要立足角色定位和工作职能，履行统筹、组织、指导、督导、考核职能，统筹推进湖长制六大任务，严格落实各项湖长制制度，推动全市湖长制工作务实见效。各成员单位要按照分工，协调配合，紧密合作，推动落实湖长制工作合力攻坚局面。

（2）加强涉水问题治理力度。摸清底数是确保专项行动取得实效的前提，建议进一步加大问题排查力度，确保把问题彻底查清楚。

一是对排查发现的问题精准分类，逐湖建立问题清单、目标清单、措施清单，逐一落实时间表、任务表、责任表。特别是湖内建设，没有审批手续的一律作为违建处理。二是坚持依法依规处置违法违规涉湖行为，严格按照湖泊问题台账推进整治工作，新增问题要及时纳入台账管理。三是加强对采砂的规范管理。按照“政府主导、部门联动、分级管理、属地负责”的原则，聚焦群众反映强烈的非法采砂问题，重拳出击、铁腕治理，严厉打击偷采、盗采，非法购砂、售砂、运砂、贩卖砂行为，着力推动河湖采砂依法依规、安全规范、平稳有序。

（3）严格落实水质改善工作。在湖长的统一领导下，以湖长制为平台，加强部门分工合作，严格落实湖水域纳污容量、限制排污总量和污染物达标排放要求。

一是以环保督察整改为契机，严格落实工业企业生产污水排放不达标一律关停、城镇生活用水排放不达标一律限期整改、农村禽畜粪便处理不达标一律拆除，进一步完善污水处理设施，完成截污、清污、治污任务。二是严格落实湖水域纳污容量、限制排污总量和污染物达标排放要求，集中力量剿灭劣Ⅴ类水体。大力推行雨污分流。三是统筹山水林田湖草等生态要素，加大源头区、水源涵养区、生态敏感区保护力度，因地制宜实施河湖库水系连通，促进水体流动和水量交换，恢复增加水体自净能力，逐步实现河湖生态安全。四是推进实施“活水工程”，加快实施临沂中心城区水系连通提升工程，利用3～5年时间，实现中心城区河湖全面贯通实现水系系统治理和生态效益最大化。

（4）加强管理机制建设。确权划界是依法保护河湖的重要措施，要按照水法、防洪法条例等法律法规规定，抓紧开展全市湖库及水利工程划界确权工作，已划定管理范围的湖泊，要明确管理界线、管理单位和管理要求，规范设立界桩和标识牌。按照“先易后难、先简后全”的原则分阶段建立“一湖一档”，收集湖泊自然属性、湖长信息等湖泊基础信息，兼顾湖水资源、水功能区、取排水口、水源地、水域岸线等动态信息，逐步完善“一湖一档”。

(5) 强化监督考核。坚决落实湖长制工作的任务目标，不断强化考核、反馈、通报机制，形成精准的考核体系。强化考核结果运用，把湖长制工作考核与最严格水资源管理制度有机结合，形成评先树优、奖勤罚懒的工作导向，以严格的考核问责倒逼责任落实。

四、武汉市武昌区推行湖长制对策

武昌区位于武汉市中心城区，境内有水果湖、紫阳湖、内沙湖、四美塘等湖泊。武昌区委、区政府认真贯彻落实上级河湖长制工作部署，系统谋划工作，因地制宜创特色，扎实推进河湖长制落地生根。

(一) 武昌区推行湖长制取得的经验

(1) 制定实施方案，形成共治合力。为了认真落实“推动形成绿色发展方式和生活方式”的要求，适应武汉市城市建设发展的需要，武昌区于 2017 年 3 月 29 日印发《武昌区全面推行河湖长制的实施方案》，明确 15 名区级河湖长，18 名街道河湖长，覆盖全区 2 条河流、7 个湖泊、4 条港渠。到 2017 年 7 月底，在武汉市率先完成街道河湖长制方案编制工作，全武昌区 9 条涉河湖管理街道工作方案全面出台。

2017 年 8 月，组织相关人员全面调查全区各河湖管理保护的突出问题，逐河湖列出问题清单。针对存在的问题，科学地确定治理目标，制定具有针对性、操作性强的整改方案以及保障措施。同时，制定集问题、目标、整改方案、责任部门于一体的责任清单，明确责任主体，推动部门联动，形成共治合力。

(2) 重视制度建设，促进全民参与。重视制度建设、强化规范管理就是将工作制度、工作机制建设摆在突出位置统筹思考、系统谋划。2017 年武昌区出台了区河湖长制工作考核、检查督办、巡查、联席会议、奖惩、信息报送和信息共享、部门联合执法等多项配套制度，并在日常工作中加以实施。组织编发了《武昌区河湖长制工作手册》《河湖长制巡查日志本》，实现巡河工作制度化、常态化、痕迹化管理。促进全民参与、配备民间湖长就是针对武昌区辖区湖泊周边居民集中的特点，专门为每个湖泊配备一名“民间湖长”。“民间湖长”由武汉爱我百湖志愿者协会面向社会公开招募，优选综合能力强、热爱湖泊、关心湖泊保护与治理事业的人来担任。“民间湖长”的设置，增强了市民参与湖泊保护的热情，营造了全民参与、社会共治的良好氛围，把河湖长制工作由单一的政府工作推向全社会，形成了良好的社会共治环境。

(3) 推进湖长治理，打造一湖一品。推进河湖治理、落实保障资金就是整合社会资金，加强对湖泊的保护和治理。2013 年，武昌区政府投资 500 万元启动内沙湖和四美塘水生态修复示范工程。治理后，内沙湖水质从劣Ⅴ类水质逐渐升到Ⅲ类，四美塘水质从Ⅳ～Ⅴ类水质提升到Ⅲ类，污湖臭塘变成风景宜人的城中水生态公园，受到周边群众广泛称赞。2017 年，武昌区政府积极应用示范经验，列支河湖治理资金 7100 余万元，用于辖区内湖泊的生态治理和长江沿线闸口、泵站改造和巡司河沿线截污工作，实现长江沿线基本无污水进入长江，巡司河排污问题得到解决，黑臭水体现象基本消除，紫阳湖、都司湖及晒湖水质明显改善。

推动“一湖一品”，打造武昌品牌就是要分析水情，主动谋划，结合近期颁布实施的《湖北省河湖长制“一河（湖）一策方案编制技术要求（试行）”》，组织开展全区修复水生态，打造“一湖一品”工作。在解决好水环境基本问题的同时，积极谋划滨水景观塑造，计划邀请国内外知名的水环境治理和景观设计公司组成联合团队进行整体规划设计，高起点明确湖泊定位，实施“一湖一品”，打造一流湖泊景观，确保群众能够“着水、亲水、嬉水、乐水”，打造武昌区人水和谐的河湖生态品牌。

（二）推行湖北省湖长制的对策

武昌区在全面推行湖长制工作中走在了全省前列，为全省开展湖长制工作积累了丰富的经验，为推动全省的湖长制工作起到了带头作用。根据武昌区的经验，结合湖北省的情况，要搞好全省的湖长制工作必须采取以下措施。

（1）领导挂帅出征，省级湖长带头巡。领导挂帅带头巡河是搞好湖长制工作的关键所在，具体地讲就是做好以下几件事。一是高规格设立机构，省级设立领导小组领导下的总河长负责制，省委书记任领导小组组长，省长任总河长。同时设省级总河长办公室，由分管副省长兼任办公室主任。二是双河湖长制，省委、省政府领导担任各湖泊的第一湖长，分配一名人大、政协的省级领导同时担任湖长，协助第一湖长搞好湖泊管理，并向社会公示。三是省级河长要带头巡河，及时听取下级河湖长工作的汇报，切实掌握全省湖泊管理的情况，及时处理各级湖泊管理中出现的问题，确保湖长制工作落地生根。

（2）落实属地责任，基层湖长常态巡。领导挂帅是关键，属地责任落实就是重点，只有抓住了重点才能把湖长制工作抓严抓实，具体讲要做好以下几件事。一是党政同责，全省各市县乡（镇）、党委、政府主要负责人分别担任第一总湖长和总湖长，并分别兼任一条重要湖长，构建起以党政领导责任制为核心的责任体系。二是重心下移，各市县乡（镇）要建立基层湖长巡河和护岸、净水、保水等行动，层层压实责任。三是鼓励创新，各市县乡（镇）要根据地方的实际情况，分别设立湖警长、村组护湖队、巡湖员，将巡湖责任分解落实到末梢，让湖泊管理深入千家万户。

（3）形成工作合力，部门配合联动巡。湖长制工作是一件复杂的系统工程，涉及千家万户，需要全党、全民参与。只有形成合力才能形成重拳出击，把工作落实到实处，做出成效。一是建立省级联络员单位制度，全省要对湖泊、水库分别确定省级联络员单位，并设立流域湖长制工作推进办公室，协助省级湖（库）长开展巡湖、库督导工作，及时处理各类突发事件。二是湖（库）长办公室切实履职，省市县三级均设立湖（库）长办公室，按照不代替地方属地责任、不代替部门“三定”职能、不代替部门行政执法等“三个不代替”工作原则，充分发挥“统筹、指导、协调、督导、考核”职能，指导本地区巡湖（库）行动，把全省湖（库）的管理抓紧抓好，抓出成效。

（4）强化宣传引导，民众主动参巡。强化宣传引导就是要充分利用电视、广播、互联网、宣传车、标语、横幅、宣传黑板报、简报、工作手册、报纸等多种宣传形式开展全方位、全过程、全覆盖的宣传工作，力争做到宣传不留盲区和死角，真正提高全民的认识，积极投入到湖（库）的管理工作之中。

民众主动参巡就是组建群众湖（库）管理协会，依托村（居）民自治公约，发动和引导群众开展自愿巡湖（库）、日常监督等活动，形成湖（库）管理保护群众工作机制。

第三章

“一湖一档”基础信息

为全面推行湖长制，做好相关工作的基础数据支撑，系统掌握各个湖长信息和管理责任信息，动态了解湖泊现状和保护修复情况，按照中共中央办公厅、国务院办公厅先后印发的《关于全面推行河长制的意见》（厅字〔2016〕42号，以下简称《意见》）、《关于在湖泊实施湖长制的指导意见》（厅字〔2017〕51号，以下简称《指导意见》）要求，结合“一湖一策”方案，水利部水利水电规划设计总院特制定《河湖动态监控与“一河（湖）一档”台账建设方案》（以下简称《建设方案》），以明确湖长制工作“一湖一档”台账建设的目标、重点任务及相关工作的主要内容和技术要求。

第一节 目的与意义

河湖管理保护是一项复杂的系统工程，涉及上下游、左右岸、不同行政区域。为提高河湖管护成效，推动湖长制信息共享，鼓励公众参与监督，促进河湖管护的长效化、信息化、透明化、智慧化，需要创新河湖管护模式。

“一湖一档”台账建设是全面推行湖长制，实现江河湖泊数字化、动态化、现代化管理的重要支撑，有利于掌握河湖管护治理进展，有利于编制“一湖一策”保护修复方案，有利于开展河湖管护效果及河湖健康评价，有利于落实河湖管护责任。

第二节 目标与任务

一、总体目标

“一河（湖）一档”台账建立和“一河（湖）一策”方案编制的目标就是要在系统梳理河湖水系层级结构的基础上，全面掌握各级湖长、湖长办基本信息，系统建立河湖水资源、水域岸线、水环境、水生态等动态信息台账，掌握河湖管理保护现状情况及其动态变化，为推动建立河湖动态监控与考核体系，实现河湖数字化、动态化、现代化监管和差异化考核，提供数据信息支撑；要围绕《意见》《指导意见》的总体任务要求，针对各级河湖实际和突出问题及成因，确定治理保护管理目标，提出治理保护管理措施，为河长制湖长制相关工作提供各级河湖及河段治理保护管控的行动路线图。

二、主要任务

根据“一湖一档”台账建设总体目标，本项工作的主要任务包括以下内容。

（一）建立河湖基础信息台账

（1）梳理完整的河湖树状结构体系。以第一次全国水利普查中的河湖普查成果为基础，对河湖水系成果进行补充修正，摸清全国河湖底数情况，梳理明晰全国河湖水系关系，建立起较为完整的河湖水系树状结构图。

（2）建立完整的河湖基础信息，通过对各类普查成果、规划设计报告、实测数据等成果的梳理，建设包含河湖流域面积、湖泊水域面积等在内的自然状况、经济社会状况和涉水工程与管护情况的基础信息档案。

（3）建立河湖管护职责体系与湖长档案。根据全面推行湖长制工作的要求和部署，基于河湖水系树状结构图，全面掌握湖泊省级、市级、县级、乡（镇）级湖长及湖长办基本档案，有条件的地区可以增加村级湖长档案，建立河湖管护职责体系。

（二）建立河湖动态信息台账

通过对相关规划、公报、监测等数据成果的整理分析，通过水资源、水域岸线、水生态、水环境等信息台账，并定期更新相关信息，动态掌握河湖状况。

（三）建立河湖责任与考核台账

（1）建立河湖管护目标责任台账，基于已编制的“一湖一策”保护修复方案，将河湖保护修复目标任务、主要措施、湖长制责任清单等建立信息台账，并与各级湖长建立对应关系，为湖长绩效考核提供基础。

（2）建立河湖绩效考核与监督执法台账。按照湖长制考核管理办法，将逐项考核指标、考核结果、相应的湖长信息等建立信息台账，根据湖长制工作中执法监督实际情况，建立执法监督台账。

（四）建立河湖动态监控与考核体系

将河湖生态空间及其资源环境的动态台账、河湖日常巡查情况与河湖保护修复目标责任台账要求进行对比，实现河湖保护修复的动态绩效评价，及时了解河湖保护修复中出现的新情况、新问题，实现河湖动态化管理。

“一湖一档”台账建设主要任务见图 3-1。

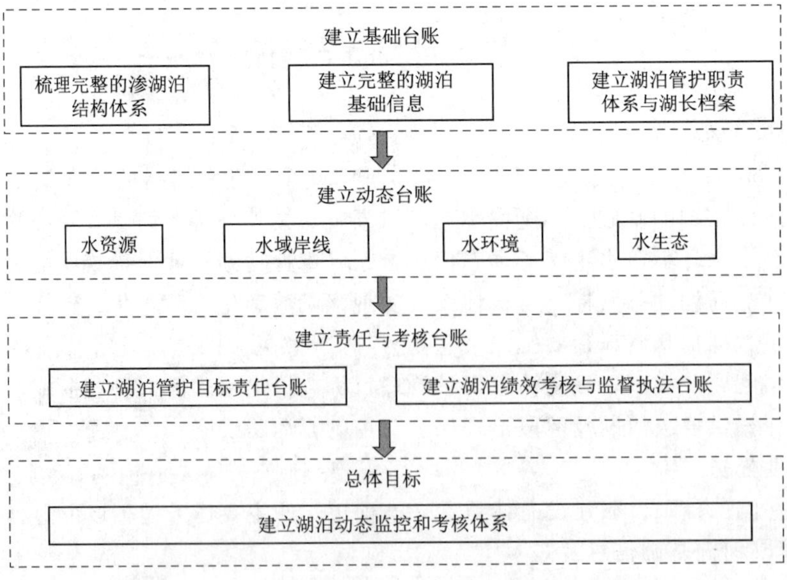

图 3-1 “一湖一档”台账建设主要任务示意图

第三节 “一湖一档”台账框架体系

一、总体框架

“一湖一档”台账主要包括湖泊结构信息、湖泊基本信息、动态台账、目标责任台账、绩效考核台账五类（图3-2），其中：湖泊结构信息包括湖泊树状结构、湖长树状结构；湖泊基本信息包括湖泊自然状况、湖长及湖长办档案、社会经济状况、涉水工程信息等；动态台账主要涉及全面推行湖长制要求的任务，包括水资源动态台账、水域岸线动态台账、水环境动态台账、水生态动态台账等；目标责任台账包括“一湖一策”的目标清单、措施清单和责任清单；绩效考核台账包括问题清单、绩效考核台账、监督执法台账。

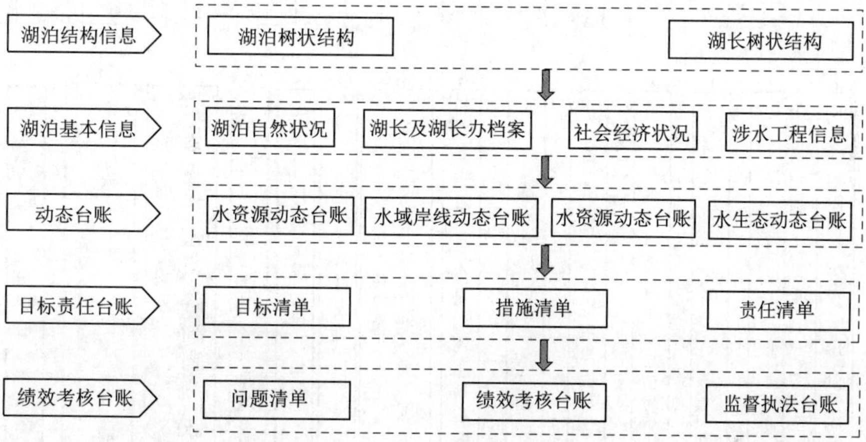

图3-2 “一湖一档”台账总体框架示意图

二、台账信息结构

“一湖一档”台账信息结构主要包括湖泊基本信息、经济社会与工程信息、湖泊动态台账、目标责任与绩效考核台账四个方面，具体包括湖泊自然状况、湖长基本信息、经济社会情况、涉水工程信息、水资源动态台账、水域岸线动态台账、水环境动态台账、水生态动态台账、目标责任台账、绩效考核与监督执法台账10类，各类具体内容见图3-3。

三、台账数据来源与更新计划

（一）台账数据来源

台账数据来源包括规划与普查数据、公报与统计数据、各级湖长办补充调查数据、“一湖一策”方案、相关系统接入数据、其他公开数据6类，见表3-1。

（二）台账更新计划

河湖水系树状结构与“一湖一档”基础信息在2018年年底建成。

河湖动态信息台账、目标责任台账、绩效考核与执法监督台账自2019年起开始更新，逐步实现与水资源监控管理系统、水利建设与管理信息系统等相关系统融合，逐步实现在线与遥感监测。

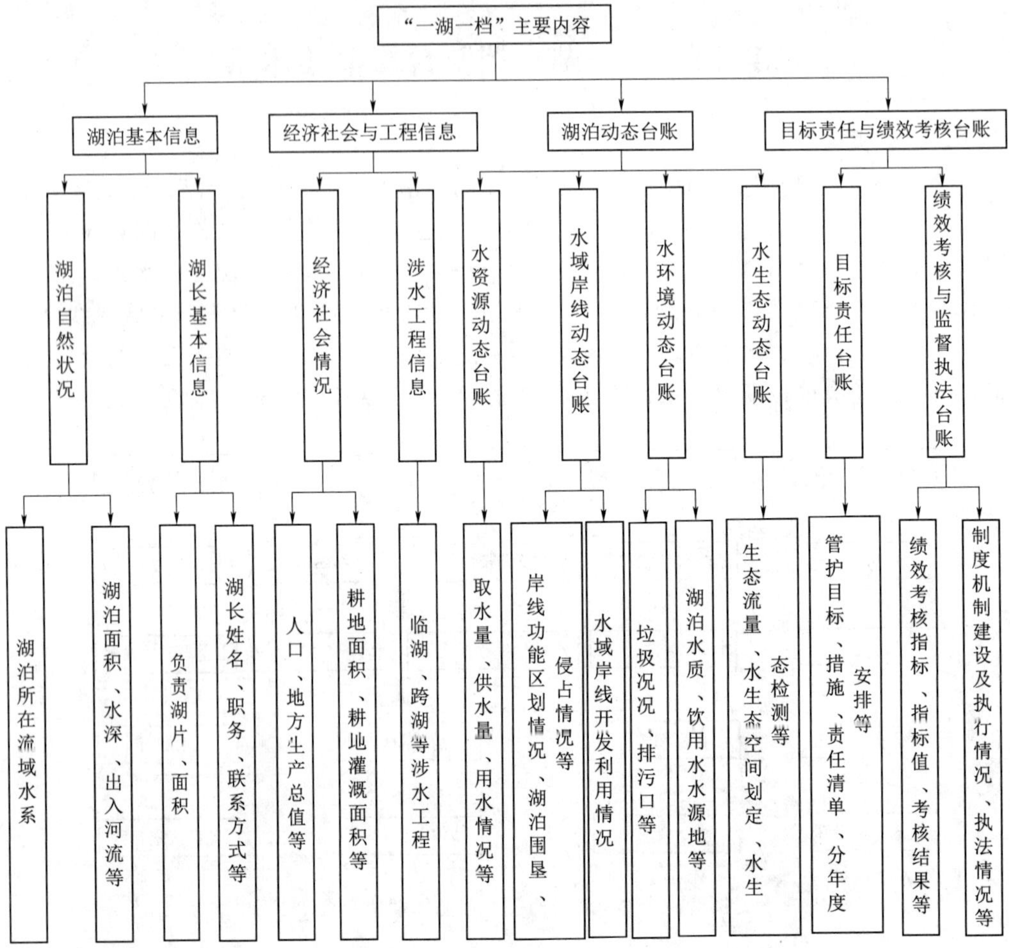

图 3-3 “一湖一档”台账信息结构

表 3-1 **台账数据来源**

序号	数据来源	具体资料名称
1	规划与普查数据	水资源调查评价、相关水利规划、第一次全国水利普查、水污染普查、地理国情普查等
2	公报与统计数据	各级政府、相关部门的公报及统计年鉴等
3	各级湖长办补充调查数据	各级河长办针对水域岸线侵占与开发利用、排污口、水质状况等开展补充调查的数据
4	“一湖一策”方案	湖泊及湖片问题清单、目标清单、措施清单、责任清单等
5	相关系统接入数据	水资源监控管理系统、生态环境部门信息化管理系统等
6	其他公开数据	公开版地图数据、高精度遥感数据等

第四节 湖泊与湖长基本信息

河湖及湖长基本信息包括河湖自然状况、湖长基本信息，该类型信息是开展河湖管护的基础或背景信息。

一、河湖自然状况

（一）主要填写内容

湖泊自然状况填报已设置湖长的湖泊名称、所在流域、水面面积、平均水深、入湖河流名称、出湖河流名称等湖泊基本特征。

（二）填写要求

以第一次全国水利普查数据为基础，基于梳理完成的河湖树状结构成果填写河湖自然状况。对于在普查成果基础上新增的，或者与传统称呼、等级不一致的湖泊，要在备注栏中标明。

二、湖长基本信息

（一）主要填写内容

湖长档案信息包括湖泊已设置的乡（镇）级、县级、市级、省级湖长姓名、职务、联系方式等信息，已设置村级湖长的湖泊要纳入填报范围，同时填报湖泊的名字、起止位置、湖泊面积等。

此外，还要填报各级湖长办的基本信息，包括湖长办主任的基本信息、牵头单位、联系人信息等。

（二）填写要求

各级湖长根据湖长设置情况，认真填报和复核湖长负责的湖泊面积等基本情况，应保证同一个湖泊相同的起止位置名称一致，某行政区境内湖长管理的湖泊面积应不大于该湖泊在行政区内湖泊面积。湖长联系方式可以填写本级湖长办的联系方式。

第五节　动态台账、责任与绩效考核台账

河湖动态台账包括水资源动态台账、水域岸线动态台账、水环境动态台账、水生态动态台账，该类信息是直接体现河湖管护成效，是制定“一湖一策”、绩效考核办法的基础。

一、水资源动态台账

（一）主要填写内容

主要填写湖长所管辖湖泊来水量，以及县级行政区内的取水量、供水量、用水量等情况。

（二）填写要求

以省级、市级水资源公报为基础，并结合各省水资源综合规划等资料填写本省境内水资源动态台账，上级湖长办要对下级湖长办提交的水资源动态台账进行平衡协调。

二、水域岸线动态台账

（一）主要填写内容

水域岸线状况主要填写水域岸线功能区划定、湖泊围垦、水域岸线开发利用情况（滨水景观、种植/养殖等）。

（二）填写要求

根据岸线保护利用规划、湖泊确权划界等基本资料，填报水域岸线划定情况，同时通

过实地查勘填报水域岸线侵占面积等基本情况，组织相关部门填报景观、跨湖工程等水域岸线开发利用状况。岸线开发利用率要小于100%。

三、水环境动态台账

（一）主要填写内容

水环境动态台账主要填写垃圾情况、湖泊水质状况、集中式饮用水水源地保护情况、黑臭水体分布、水环境监测等。

（二）填写要求

主要基于水资源公报、环境状况公报等公报数据进行填写，黑臭水体分布应当在实地查勘的基础上填写，并调查分析污染源。相关数据填写应当在统一协调不同部门数据后进行。

四、水生态动态台账

（一）主要填写内容

水生态状况评估较难，主要填报易观测调查获得的、湖长制工作中要求的要素，包括生态环境流量状况情况、水生态空间划定情况、水生态检测等。

（二）填写要求

对于生态流量信息，有条件的地区可以根据实际情况在已有断面数据基础上加密控制断面。各地在实地查勘基础上填写断流状况。

第六节　目标责任与绩效考核台账

一、目标责任台账

（一）主要填写内容

基于“一湖一策”方案，将其中的目标任务、主要措施、责任清单、分年度目标及工作安排等作为管护目标责任台账。

（二）填写要求

台账信息在“一湖一策”方案编制完成后全部完成，目标任务、主要措施、责任清单、分年度目标等信息应当与“一湖一策”方案一致，而相关措施应填写主要方面。

二、绩效考核与监督执法台账

（一）主要填写内容

根据湖长绩效考核办法，将其中的绩效考核指标、湖长考核各指标值、最终结果等作为绩效考核台账。

监督执法台账围绕湖长制工作进展情况，主要填写湖长制工作中的制度机制建设与执法整治情况，其中制度机制建设包括湖长会议制度、信息共享制度、信息报送制度、工作督察制度、考核问责和激励制度、验收制度及各地根据实际建立的其他制度机制等的建设情况及执行情况。执法整治情况包括联合执法次数、违法行为处罚与整改情况。

（二）填写要求

填写完成信息后应进行详细复核，确保填写的信息与考核方法确定的指标及考核结果完全一致。各地根据实际情况，选择适当指标进行考核，应当包括水资源保护、水域岸线管理保护、水环境治理、水生态保护、执法监管等方面的指标。

制度机制建设情况应填写清楚制度机制相关文件发布的名称、时间、文号等信息，制度机制执行情况与执法整治情况应将定量和定性信息相结合填写。

第七节 “一湖一档”实际案例

一、中卫市建立“一河（湖）一档”工作方案

为深入推进全市全面推行河湖长制工作，根据《自治区河长办关于转发〈水利部办公厅关于印发“一河（湖）一策”建档指南（试行）的通知〉的通知》（宁河长办发〔2018〕9号）精神，现就中卫市建立“一河（湖）一档”工作制定本方案。

（一）适用范围

对天湖、香山湖、应理湖、腾格里湖、千岛湖、小湖6个湖泊建立“一湖一档”。各县（区）级湖泊建立“一湖一档”。

（二）建档对象

“一湖一档”以整个湖泊为单元建立。

（三）建档主体

市级湖泊“一湖一档”由市河长制办公室负责组织建立，县（区）河长制办公室配合；县（区）级湖泊“一湖一档”由县（区）河长制办公室负责组织建立。

（四）建档内容

“一湖一档”包括基础信息和动态信息。基础信息包括湖泊自然属性、湖长信息等；动态信息包括取用水、排污、湖泊水质、水生态、岸线开发利用、河道利用、涉水工程和设施等。

（1）基础信息。

湖泊自然属性主要包括湖泊名称、湖泊编码、所在水系名称、所涉行政区、湖泊水域总面积、平均水深、主要入湖出湖河道（沟道）名称及位置等。

湖长信息主要包括各级湖长姓名、职务等。

（2）动态信息。

取用水信息主要包括取水口（含泵站）、许可年取水量、实际年取水量、饮用水水源地情况等。

排污信息主要包括排污口、限制排污总量、年排污量、排污口监测情况等。水质信息主要包括水质类别、富营养化程度、主要污染物等。水生态信息主要包括湖泊干涸情况、水生态空间划定情况、沿湖湿地公园和水生生物保护区建设情况等。岸线开发利用信息主要包括岸线长度、岸线开发利用、岸线分区、水产养殖水面面积等。涉水工程和设施主要包括堤防、水闸、泵站、桥梁、穿湖、临湖建筑物和设施等。

（五）信息来源与填报

（1）信息来源。

“一湖一档”各类信息的收集、整理以现有成果为基础，信息来源包括规划与普查、

公报及统计数据、各级河长制办公室补充调查数据、相关系统接入数据、其他公开数据等。有关数据应注意保持动态更新。

（2）信息填报。

“一湖一档”信息内容多，填报工作量大，按照“先易后难、先简后全”的原则分阶段建立。2018年10月底前完成市、县（区）级湖泊排污口档案卡建立（附表4）；河道采砂（制砖）场档案卡建立（附表5）。2019年3月底完成市、县（区）湖泊“一湖一档”建档工作（附表1～附表3）。对暂时不易获取的动态信息，可逐步收集、整理与填报。各县（区）可结合不同湖泊的实际，因地制宜适当增加或减少“一湖一档”相关信息。

中卫市河长制办公室

二、天津市“一河（湖）一档”台账建设工作方案

依据全面推行河长制工作要求，天津市开展了“一河（湖）一档”台账建设工作，在系统梳理河湖水系层级结构基础上，全面查实市级、区级、乡（镇）级、村级河流湖泊基础信息和动态信息，于2018年年底初步建成天津市“一河（湖）一档”台账。

（一）适用范围

天津仅有一座天然湖泊，其他大中小型水库、湿地、景观湖等按照湖的标准建档。

（二）建档对象

“一湖一档”以整个湖泊为单元建立。

（三）建档主体

市级湖泊“一湖一档”由市河长制办公室负责组织建立，县（区）河长制办公室配合；县（区）级湖泊“一湖一档”由县（区）河长制办公室负责组织建立。

（四）建档内容

（1）基础信息。

湖泊自然属性主要包括湖泊名称、湖泊编码、所在水系名称、所涉行政区、湖泊水域总面积、平均水深、主要入湖出湖河道（沟道）名称及位置等。

湖长信息主要包括各级湖长姓名、职务等。

（2）动态信息。

动态信息填报按照三部分内容开展，分别为水资源、水环境、水生态专项，水域岸线、河湖管护、河湖树状结构梳理专项，以及数据汇总审核专项。由市水务局水文中心、水资源处等局属相关业务审核单位从专业角度讲解数据标准、数据来源及统计方法，针对专业审查阶段汇总出的问题进行分析说明并指导数据修改完善。

（五）信息来源

“一河（湖）一档”台账建设充分结合河长制湖长制建立与“一河（湖）一策”方案编制工作，各类信息的收集、整理以现有成果为基础，信息来源包括规划与普查、公报及统计数据、各级河长制办公室补充调查数据、相关系统接入数据、其他公开数据等。

以第一次全国水利普查相关成果为基础，对河湖水系成果进行补充修正，梳理明晰天津市河湖底数情况和河湖水系关系，并补充完善河流长度、湖泊面积、水文特征等自然属性数据，建立完整的河湖树状结构图。在此基础上，全面掌握各级河湖情况及河长湖长、河长办的基本信息，系统建立河湖水资源、水域岸线、水环境、水生态等动态信息台账，掌握河湖管理保护现状情况及其动态变化情况。

第四章

“一湖一策”编制指南

中共中央办公厅 国务院办公厅印发《关于全面推行河长制的意见》的通知（厅字〔2016〕42号），要求立足不同地区、不同河湖实际，统筹左右岸，实行“一湖一策”，解决好湖泊管理保护的突出问题。

“一湖一策”方案编制工作是全面落实推行湖长制，加强湖泊治理与保护的重要基础工作与不可或缺的重要环节，编制“一湖一策”方案，有利于摸清湖泊开发治理与保护现状、查找湖泊存在的突出问题，有利于科学确定湖泊治理与保护工作的目标和主要任务，有利于因地制宜提出水资源保护、湖泊水域岸线管理保护、水污染防治、水环境治理、水生态修复等方面的措施和相应的执法监管对策。

第一节 概 况

为明晰“一湖一策”方案编制思路、范围和目标任务，规范方案编制流程和内容要求，水利部水利水电规划设计总院起草了“一河（湖）一策”方案编制指南。2017年9月7日，水利部办公厅正式印发《“一河（湖）一策”方案编制指南（试行）》（办建管函〔2017〕1071号）。

该指南包括两大部分，即一般规定与方案框架，还有附件中的5张表格。

一般规定部分包括8个小部分，即适用范围、编制原则、编制对象、编制主体、编制基础、方案内容、方案审定和实施周期。

方案框架包括6个小部分，即综合说明、管理保护现状与存在问题、管理保护目标、管理保护任务、管理保护措施和保障措施。

附件中的5张表分别是××河湖（河段）管理保护问题清单、××河湖（河段）全面推行湖长制目标清单、××河湖（河段）全面推行湖长制目标分解表、××河湖（河段）全面推行湖长制任务清单和××河湖（河段）全面推行湖长制措施及责任清单。

此外，部分省市也结合河湖长制工作的实际情况，编制印发了相关的“一湖一策”方案编制指南，供当地开展工作时参考。

第二节 目 标 任 务

一、工作目标

根据《意见》的总要求和河湖水资源管理、河湖资源保护、水污染防治、水环境综合治理、生态修复、长效管护、执法监督、综合功能提升八大任务要求，针对各地湖泊实际，以梳理湖泊现状存在的主要问题与原因为基础，以确定湖泊保护与治理目标和主要任务为核心，以提出湖泊保护治理管理行动方案为重点，通过“一湖一策”方案编制，制定各级湖泊治理保护与监管的行动路线计划，以期实现以下目标。

(1) 摸清湖泊主要问题。从水资源、水源岸线、水环境和水生态等多个方面，对湖泊保护与治理现状进行全面梳理，结合湖泊保护与治理的现实需求，分析湖泊保护与治理存在的突出问题，查找产生问题的原因。

(2) 明确治理保护目标。根据相关规定和上位湖泊治理保护方案的总体目标和控制性指标要求，确定本湖泊保护治理的总体目标和控制性措施，分解落实到各湖泊，同时以问题为导向，系统查找湖泊现状情况与治理目标要求的差距，确定湖泊保护与治理的主要任务。

(3) 制定管控行动计划。根据湖泊治理保护目标与任务要求，针对湖泊水资源管理、水域岸线管理保护、水环境综合治理、水生态修复、水污染防治、执法监督、综合功能提升等问题，从治理和管控两个方面入手，因地制宜提出湖泊治理保护对策措施和实施计划，明确责任分工和进度要求。

二、主要任务

“一湖一策”方案编制的主要工作任务是形成湖泊治理保护的问题清单、目标清单、任务清单、措施清单、责任清单以及目标任务分解表和实施计划安排表。各地在编制具体湖泊治理保护方案时，可结合当地湖泊的自身特点和实际工作需要，对各类清单内容进行适当调整。

(一) 摸清湖泊治理保护现状与存在的问题

充分利用湖泊已有普查、规划和方案等成果，结合必要的补充调查分析，梳理湖泊治理保护现状的基本情况，并针对水资源、水域岸线、水污染、水环境和水生态等重点领域，分析梳理湖泊治理保护存在的突出问题及产生的原因，提出问题清单。

(二) 制定湖泊治理保护目标任务

根据湖泊相关涉水规划与方案成果，结合湖泊实际，以问题为导向，确定湖泊治理保护目标，查找湖泊治理保护现状情况与其目标要求的差距，明确湖泊治理保护的主要任务，制定目标清单。按照湖泊治理保护的整体性要求，结合湖泊不同分片的特点和功能定位，分片确定各湖泊及入湖口的治理保护目标任务与控制性指标和要求，形成湖泊目标清单和任务分解表。

(三) 提出湖泊治理与管控措施

根据已确定的各项目标与任务，结合湖泊治理保护的已有成果和成功经验，从治理和管控两方面入手，提出具有针对性、可操作性的治理保护措施，确定湖泊不同分片各类禁止和限制的行为事项等负面清单内容，制定措施清单。根据各项措施的实施需要，按照部门业务领域的特点与优势，结合湖长制工作的部门联动、联合执法的总体要求，明确各项措施执行的牵头部门和配合部门，落实相关责任人与责任单位，制定责任清单。

(四) 制定湖泊实施计划安排

按照湖泊治理保护的总体目标和分阶段目标，制定分片湖泊的治理保护措施，细化分片实施计划、责任分工和实施安排等，理清需优先安排的措施项，制定实施计划安排表。

第三节 编制流程与技术路线

一、编制思路

方案编制工作要围绕以下四个层次展开。

(1) 根据水资源、水生态和水环境等方面的特点和现状情况，以及水资源、水环境承载状况和湖泊的功能定位，结合已有规划和方案确定的相关成果内容，摸清湖泊治理保护存在的主要问题，找准湖泊各类问题产生的主要原因。

(2) 针对湖泊存在的突出问题，根据国家和流域区域总体要求，以及湖泊治理保护的迫切需求，从维护湖泊健康、保障水资源可持续利用、促进生态环境建设等方面，合理确定湖泊治理保护总目标与六大任务的主要目标和控制性指标及分阶段目标，明确湖泊治理保护的主要任务。

(3) 根据湖泊治理保护目标任务，针对水资源保护、水域岸线管理保护、水污染防治、水环境治理和水生态修复等方面，从治理和管控两方面入手，提出湖泊治理保护的相关措施。

(4) 按照湖泊治理保护工作的紧迫性，确定治理保护措施的实施安排和分阶段计划，明确各级湖长、湖长办公室及有关部门的责任，分解各片区湖泊的目标任务，形成实施计划安排表和湖泊目标任务分解表。

“一湖一策”方案编制思路框图如图4-1所示。

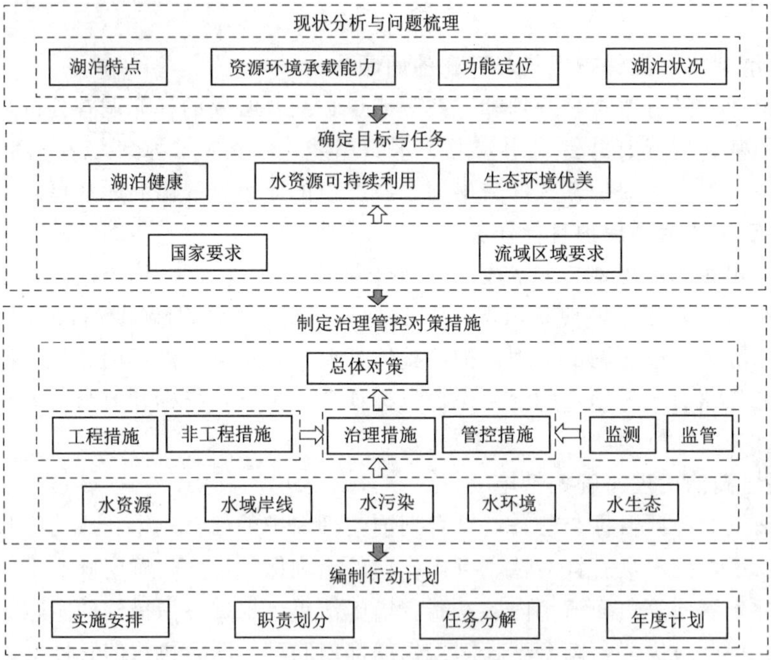

图4-1 “一湖一策”方案编制思路框图

二、工作流程

(1) 明确编制单元。根据各省湖泊名录，逐级梳理确定方案编制单元。

(2) 确定编制主体和单元。根据已确定的编制单元，按照湖泊的最高级湖长设置和跨行政区域情况，选定同级或者上一级湖长办公室作为编制主体，负责方案编制的组织工作，并由各级湖长办公室确定具体编制单位。

（3）收集和整理基础资料。根据方案的编制单元和编制范围，收集和整理湖泊基础资料及相关涉水规划、方案成果。

（4）开展方案编制。根据已下达的编制任务要求，由各级湖长牵头领导，同级湖长办公室负责组织所辖湖泊治理保护方案的编制。

（5）跨区方案协调。涉及跨地市、跨县方案的（指无更高一级湖长的情况），由上一级湖长办公室负责协调。

（6）成果审查与批复。由同级湖长办公室负责组织方案的审查，审查通过后报总湖长，获批准后执行。成果批复后，可结合各地实际情况对社会公布，接受社会监督。

三、技术路线

在系统收集整理湖泊基础调查资料及相关规划成果的基础上，结合必要的现状调查补充分析，从水资源、水域岸线、水环境和水生态等多个方面，对湖泊治理保护现状进行系统分析与评价，梳理湖泊治理保护中存在的主要问题，查找问题产生的原因。

在对已有规划和上位方案中目标和指标进行分析的基础上，以问题为导向，围绕六大任务要求，通过分解相关规划和方案确定的湖泊治理保护目标和指标，确定本湖泊治理保护的总体目标和主要控制性指标。系统查找湖泊现状与治理保护目标要求的差距，确定湖泊治理保护的主要任务。

按照系统治理的要求，考虑可能和需要，因地制宜制定湖泊保护治理与管控措施，落实责任分工与进度安排，分解各湖区与支流管控目标与任务，制定行动路线与计划。技术路线如图 4-2 所示。

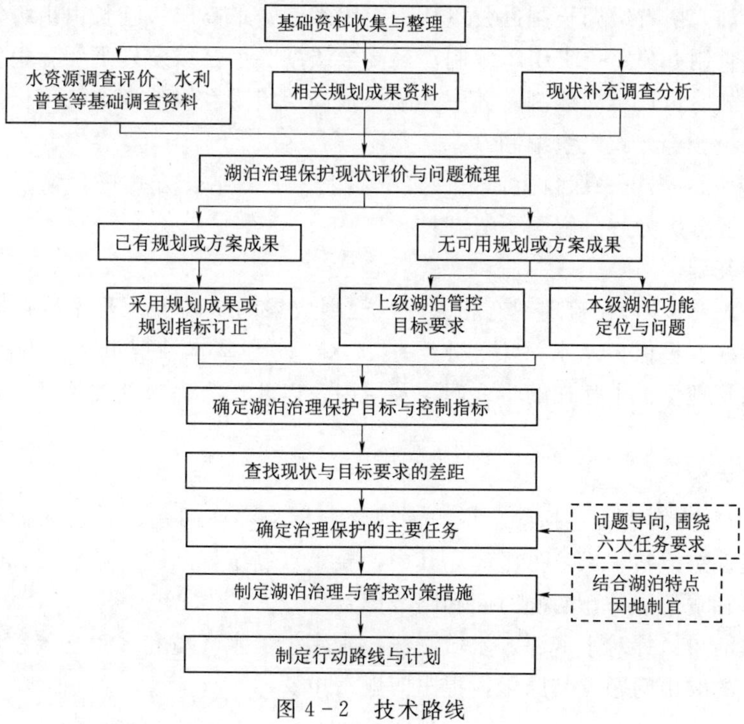

图 4-2　技术路线

第四节 编制指南一般规定

一、适用范围

适用于指导设省级、市级湖长的湖泊编制“一湖一策”方案。只设县级、乡级湖长的湖泊，“一湖一策”方案编制可予以简化。

二、编制原则

（1）坚持问题导向、突出重点。从湖泊自身特点、现状、问题出发，根据《意见》提出的六大任务，梳理湖泊管理保护存在的突出问题，因湖施策，因地制宜设定目标任务，提出针对性强、易于操作的措施，切实解决影响湖泊健康的突出问题。

（2）坚持统筹协调。目标任务要与相关规划、全面推行湖长制工作方案相协调，妥善处理好水下与岸上、整体与局部、近期与远期、左右岸的目标人物关系，整体推进湖泊管理保护。

（3）坚持分步实施。以近期目标为重点，合理分解年度目标任务，区分轻重缓急，分步实施。对于群众反映强烈的突出问题，要优先安排解决。

（4）坚持责任明确。明确属地责任和部门分工，将目标、任务逐一落实到责任单位和责任人，做到可监测、可监督、可考核。

三、编制对象

“一湖一策”原则上要以整个湖泊为单元编制。

四、编制主体

“一湖一策”方案由省、市、县级湖长制办公室负责组织编制。最高层级湖长由省级领导担任的湖泊，由省级湖长制办公室负责组织编制；最高层级湖长由市级领导担任的湖泊，由市级湖长制办公室负责组织编制；最高层级湖长由县级及以下领导担任的湖泊，由县级湖长制办公室负责组织编制。其中，湖长最高层级为乡级的湖泊，可根据实际情况采取打捆、片区组合等方式组织编制。

“一湖一策”方案可采取自上而下、自下而上、上下结合方式进行编制，上级湖长确定的目标任务要分级分片分解至下级湖长。

五、编制基础

编制“一湖一策”，在梳理现有相关涉水规划成果的基础上，要先行开展湖泊水资源保护、水域岸线管理保护、水污染、水环境、水生态等基本情况调查，开展湖泊健康评估，摸清湖泊管理保护中存在的主要问题及原因，以此作为确定湖泊管理保护目标任务和措施的基础。

六、方案内容

“一湖一策”方案内容包括综合说明、现状分析与存在问题、管理保护目标、管理保护任务、管理保护措施、保障措施等。其中，要重点制定好问题清单、目标清单、任务清单、措施清单和责任清单，明确时间和路线图。

（1）问题清单。针对水资源、水域岸线、水污染、水环境和水生态等领域，梳理湖泊管理保护存在的突出问题及其原因，提出问题清单。

（2）目标清单。根据问题清单，结合湖泊特点和功能定位，合理确定实施周期内可预期、可实现的湖泊管理保护目标。

（3）任务清单。根据目标清单，因地制宜提出湖泊保护的具体任务。

（4）措施清单。根据目标任务清单，细化分阶段实施计划，明确时间节点，提出具有针对性、可操作性的湖泊管理保护措施。

（5）责任清单。明确责任分工，将目标任务落实到责任单位和责任人。

七、方案审定

“一湖一策”方案由河长制办公室报同级湖长审定后实施。省级河长制办公室组织编制的“一湖一策”方案应征求流域机构意见。对于市、县级河长制办公室组织编制的“一湖一策”方案，若湖泊涉及其他行政区的，应先报给共同的上一级河长制办公室审核，统筹协调左右岸目标任务。

八、实施周期

“一湖一策”方案实施周期原则上为 2～3 年。湖长最高层级为省级、市级的湖泊，方案实施周期一般为 3 年；湖长最高层级为县级、乡级的湖泊，方案实施周期一般为 2 年。

第五节　编制指南方案框架的综合说明

一、编制依据

包括法律法规、政策文件、工作方案、相关规划、技术标准等。

二、编制对象

根据“一般规定”中明确的编制对象要求，说明湖泊名称、位置、范围等。其中，以整个湖泊为编制对象的，应简要说明湖泊的名称、地理位置、跨行政区域情况等。

三、编制范围

包括入湖支流部分河段的，需要说明该支流河段起止断面的位置。

四、编制主体

根据“一般规定”中明确的编制主体要求，明确方案编制的组织单位和承担单位。

五、实施周期

根据“一般规定”的有关要求明确方案的实施周期。

六、湖长组织体系

包括区域总湖长、本级湖长和本级河长制办公室设置情况及主要职责等内容。

第六节　管理保护现状与存在问题

概要说明本级湖长负责湖泊的自然特征、资源开发利用状况等，重点说明湖泊级别、地理位置、面积、水功能区划、湖泊水质、所在区域、涉水建筑物和设施等基本情况。

一、管理保护现状

说明水资源、水域岸线、水环境、水生态等方面保护和开发利用现状，概述湖泊管理保护体制机制、湖泊管理主体、监管主体、日常巡查、占用水域岸线补偿、生态保护补偿、水政执法等制度建设和落实情况，湖泊管理队伍、执法行政能力建设情况等。对于湖泊基础资料不足的，可根据方案编制工作需要适当进行补充调查。其中包括以下内容。

（1）水资源保护利用现状。一般包括本地区最严格水资源管理制度落实情况，工业、农业、生活节水情况，湖泊提供水资源的高耗水项目情况、湖泊取排水情况（取排水口数量、取排水口位置、取排水单位、取排水水量、供水对象等），水功能区划及水域纳污容量、限制排污总量情况，入湖排污口数量、入湖排污口位置、入湖排污单位、入湖排污量情况，湖泊水源涵养区和饮用水水源地数量、规模、保护区划情况等。

（2）水域岸线管理保护现状。一般包括湖泊管理范围划界情况、湖泊生态空间划定情况、湖泊水域岸线保护利用规划及分区管理情况，包括水工程在内的临湖、跨湖、穿湖等涉水建筑物及设施情况，围网养殖、航运、采砂、水上运动、旅游开发等湖泊水域岸线利用情况，违法侵占湖泊、围垦湖泊、非法采砂等乱占滥用湖泊水域岸线情况等。

（3）湖泊污染源情况。一般包括湖泊流域内工业、农业种植、畜禽养殖、居民聚集区污水处理设施等情况，水域内航运、水产养殖等情况，湖泊水域岸线船舶港口情况等。

（4）水环境现状。一般包括湖泊水质、水量情况，湖泊水功能区水质达标情况，湖泊水源地水质达标情况，湖泊黑臭水体及劣类水体分布与范围等；湖泊水文站点、水质监测断面布设和水质、水量监测频次情况等。

（5）水生态现状。一般包括湖泊生态水位情况，湖泊水体流通性情况，河湖水系连通性情况，湖泊水生生物多样性情况，湖泊涉及的自然保护区、水源涵养区、生态敏感区的生态保护情况等。

二、存在问题分析

针对水资源保护、水域岸线管理保护、水污染、水环境、水生态存在的主要问题。分析问题产生的主要原因，提出问题清单。参考问题清单如下。

（1）水资源保护问题。一般包括本地区落实最严格水资源管理制度存在的问题，工业农业生活节水制度、节水设施建设滞后、用水效率低的问题，湖泊水资源利用过度的问题，湖泊水功能区尚未划定或者已划定但分区监管不严的问题，入湖排污口监管不到位的问题，排污总量限制措施落实不严格的问题，饮水水源保护措施不到位的问题等。

（2）水域岸线管理保护问题。一般包括湖泊管理范围尚未划定或范围不明确的问题，湖泊生态空间未划定、管控制度未建立的问题，湖泊水域岸线保护利用规划未编制、功能分区不明确或分区管理不严格的问题，未经批准或不按批准方案建设临湖、跨湖、穿湖等涉水建筑物及设施的问题，涉水建设项目审批不规范、监管不到位的问题，有砂石资源的湖泊未编制采砂管理规划、采砂许可不规范、采砂监管粗放的问题，违法违规开展水上运动和旅游项目、违法养殖、围垦湖泊、非法采砂等乱占滥用湖泊水域岸线的问题，湖泊堤防结构残缺、堤顶堤坡表面破损杂乱的问题等。

（3）水污染问题。一般包括工业废污水、畜禽养殖排泄物、生活污水直排偷排湖泊的问题，农药、化肥等农业面源污染严重的问题，湖泊水域岸线内畜禽养殖污染、水产养殖污染的问题，湖泊水面污染性漂浮物的问题，航运污染、船舶港口污染的问题，入湖排污口设置不合理的问题等。

（4）水环境问题。一般包括湖泊水功能区、水源保护区水质保护粗放、水质不达标的问题，水源地保护区内存在违法建筑物和排污口的问题，工业垃圾、生产废料、生活垃圾等堆放湖泊水域岸线的问题，湖泊黑臭水体及劣 类水体的问题等。

（5）水生态问题。一般包括湖泊生态水位不达标的问题，湖泊淤积萎缩的问题，湖泊水系不连通、水体流通性差、富营养化的问题，围湖造田、围湖养殖的问题，湖泊水生生物单一或环境破坏的问题，湖泊涉及的自然保护区、水源涵养区、生态敏感区的生态保护粗放、生态恶化的问题等。

（6）执法监管问题。一般包括湖泊管理保护执法队伍人员少、经费不足、装备差、力量弱的问题，区域内部门联合执法机制未形成的问题，执法手段软化、执法效力不强的问题，湖泊日常巡查制度不健全、不落实的问题，涉湖违法违规行为查处打击力度不够、震慑效果不明显的问题等。

第七节　管理保护目标与任务

一、管理保护目标

针对湖泊存在的主要问题，依据国家相关规划，结合本地实际和可能达到的预期效果，合理提出“一湖一策”方案实施周期内湖泊管理保护的总体目标和年度目标清单。各地可选择、细化、调整下述供参考的总体目标清单。同时，本级湖长负责的湖泊管理保护目标要分解至下一级湖长负责的湖片，并制定目标任务分解表。

（1）水资源保护目标。一般包括湖泊取水总量控制、饮用水水源地水质、水功能区监管和限制排污口总量控制、提高用水效率、节水技术应用等指标。

（2）水域岸线管理保护目标。通常有湖泊管理范围划定、湖泊生态空间划定、水域岸线分区管理、湖泊水域岸线内清障等指标。

（3）水污染防治目标。一般包括入湖污染物总量控制、湖泊污染物减排、入湖排污口整治与监管、面源与内源污染控制等指标。

（4）水环境治理目标。一般包括水功能区水质、黑臭水体治理、废污水收集处理、沿岸垃圾废料处理等指标，有条件地区可增加亲水生态岸线建设、农村水环境治理等指标。

（5）水生态修复目标。一般包括河湖连通性、重要生态区域保护、重要水生环境保护、重点水土流失区监督整治等指标。有条件地区可增加湖泊清淤疏浚、建立生态补偿机制、水生生物资源养护等指标。

二、管理保护任务

针对湖泊管理保护存在的主要问题和实施周期内的管理保护目标，因地制宜提出“一湖一策”方案的管理保护任务，制定任务清单。管理保护任务既不要无限扩大，也不能有所偏废，要因地制宜、统筹兼顾，突出解决重点问题、焦点问题。参考任务清单如下。

（1）严格湖泊水域空间管控。各地区各有关部门要依法划定湖泊管理范围，严格控制开发利用行为，将湖泊及其生态缓冲带划为优先保护区，依法落实相关管控措施。严禁以任何形式围垦湖泊、违法占用湖泊水域。严格控制跨湖、穿湖、临湖建筑物和设施建设，确需建设的重大项目和民生工程，要优化工程建设方案，采取科学合理的恢复和补救措施，最大限度减少对湖泊的不利影响。严格管控湖区围网养殖、采砂等活动。流域、区域涉及湖泊开发利用的相关规划应依法开展规划环评，湖泊管理范围内的建设项目和活动，必须符合相关规划并科学论证，严格执行工程建设方案审查、环境影响评价等制度。

（2）强化湖泊岸线管理保护。实行湖泊岸线分区管理，依据土地利用总体规划等，合理划分保护区、保留区、控制利用区、可开发利用区，明确分区管理保护要求，强化岸线用途管制和节约集约利用，严格控制开发利用强度，最大程度保持湖泊岸线自然形态。沿湖土地开发利用和产业布局，应与岸线分区要求相衔接，并为经济社会可持续发展预留空间。

（3）加强湖泊水资源保护和水污染防治。落实最严格水资源管理制度，强化湖泊水资源保护。坚持节水优先，建立健全集约节约用水机制。严格湖泊取水、用水和排水全过程管理，控制取水总量，维持湖泊生态用水和合理水位。落实污染物达标排放要求，严格按照限制排污总量控制入湖污染物总量、设置并监管入湖排污口。入湖污染物总量超过水功能区限制排污总量的湖泊，应排查入湖污染源，制定实施限期整治方案，明确年度入湖污染物削减量，逐步改善湖泊水质；水质达标的湖泊，应采取措施确保水质不退化。严格落实排污许可证制度，将治理任务落实到湖泊汇水范围内各排污单位，加强对湖区周边及入湖河流工矿企业污染、城镇生活污染、畜禽养殖污染、农业面源污染、内源污染等综合防治。加大湖泊汇水范围内城市管网建设和初期雨水收集处理设施建设，提高污水收集处理能力。依法取缔非法设置的入湖排污口，严厉打击废污水直接入湖和垃圾倾倒等违法行为。

（4）加大湖泊水环境综合整治力度。按照水功能区区划确定各类水体水质保护目标，强化湖泊水环境整治，限期完成存在黑臭水体的湖泊和入湖河流整治。在作为饮用水水源地的湖泊，开展饮用水水源地安全保障达标和规范化建设，确保饮用水安全。加强湖区周边污染治理，开展清洁小流域建设。加大湖区综合整治力度，有条件的地区，在采取生物净化、生态清淤等措施的同时，可结合防洪、供用水保障等需要，因地制宜加大湖泊引水排水能力，增强湖泊水体的流动性，改善湖泊水环境。

（5）开展湖泊生态治理与修复。实施湖泊健康评估。加大对生态环境良好湖泊的严格保护，加强湖泊水资源调控，进一步提升湖泊生态功能和健康水平。积极有序推进生态恶化湖泊的治理与修复，加快实施退田还湖还湿、退渔还湖，逐步恢复河湖水系的自然连通。加强湖泊水生生物保护，科学开展增殖放流，提高水生生物多样性。因地制宜推进湖泊生态岸线建设、滨湖绿化带建设、沿湖湿地公园和水生生物保护区建设。

（6）健全湖泊执法监管机制。建立健全湖泊、入湖河流所在行政区域的多部门联合执法机制，完善行政执法与刑事司法衔接机制，严厉打击涉湖违法违规行为。坚决清理整治围垦湖泊、侵占水域以及非法排污、养殖、采砂、设障、捕捞、取用水等活动。集中整治湖泊岸线乱占滥用、多占少用、占而不用等突出问题。建立日常监管巡查制度，实行湖泊动态监管。

第八节 保 障 措 施

保障措施包括组织保障、制度保障、经费保障、队伍保障、机制保障和监督保障六个方面。

一、组织保障

各级湖长负责方案实施的组织领导，湖长制办公室负责具体组织、协调、分工、督办等工作。要明确各项任务和措施实施的具体单位和责任人，落实监督主体和责任人。

二、制度保障

建立健全推行湖长制各项制度，主要包括湖长会议制度、信息共享制度、信息报送制度、工作督察制度、考核问责和激励制度、验收制度等。

三、经费保障

根据方案实施的主要任务和措施，估算经费需求，说明资金筹措渠道。加大财政资金投入力度，积极吸引社会资本参与湖泊水污染防治、水环境治理、水生态修复等任务，建立长效、稳定的经费保障机制。

四、队伍保障

健全湖泊管理保护机构，加强湖泊管护队伍能力建设。推动政府购买社会服务，吸引社会力量参与湖泊管理保护工作，鼓励设立企业湖长、民间湖长、湖长监督员、湖泊志愿者等。

五、机制保障

结合全面推行湖长制的需要，从提升湖长管理保护效率、落实方案实施各项要求等方面出发，加强湖泊管理保护的沟通协调机制、综合执法机制、督察督导机制、考核问责机制、激励机制等机制建设。

六、监督保障

加强同级党委政府督察督导，人大、政协监督，上级湖长对下级湖长的指导监督；运用现代化信息技术手段，拓展、畅通监督渠道，主动接受社会监督，提升监督管理效率。

第九节 “一湖一策”实际案例

一、焦岗湖“一湖一策”实施方案

焦岗湖位于安徽省淮南市西南部综合毛集实验区内，北距毛集镇1km，东临八公山、茅仙洞景区，南临历史文化名城寿县，西临八里河景区，构成独特的山、水、城旅游金三角。焦岗湖南临淮河，西临颍河，东北有西淝河，流域面积480km^2，淮南市境内面积150km^2，人口39.3万人，耕地46.7万亩，分属淮南市毛集实验区和阜阳市颍上县。焦岗湖本干及环湖区面积共196km^2，共有取水口6处，入湖排污口3处。

（一）焦岗湖存在的突出问题

其问题突出表现在以下多个方面：取水口监测监控能力低；排污口规范化建设滞后；排涝能力不足；生活污水直排；畜禽养殖污染；生物多样性下降；天然湿地萎缩、生境退化；面源污染防治力度不强；监管机制不健全导致污染治理与生态保护受到制约。

（二）焦岗湖“一湖一策”的总体要求

总体要求坚持以下四个基本原则。

（1）坚持生态优先、绿色发展。牢固树立尊重自然、顺应自然、保护自然的理念，处理好湖泊管理保护与开发利用的关系，强化规划约束，促进湖泊休养生息、维护湖泊生态功能，支撑生态文明建设。

(2) 坚持问题导向、因湖施策。针对湖泊实际和特点，梳理问题清单，剖析问题成因，聚焦六大重点任务，细化工作目标，强化工作措施，因地制宜，因湖施策，形成部门联动、上下联控、干支联防的工作格局。

(3) 坚持远近结合、注重实效。按照轻重缓急，合理确定近远期任务和措施。对于提升湖泊整体健康水平最为显著、社会反响较好的措施内容，应重点部署、优先安排。

(4) 坚持依据规划、突出重点。以现有各类规划和方案成果作为主要依据，充分利用规划和方案确定的湖泊管理保护目标与任务，细化分解至“一湖一策”方案中，减少基础性分析工作量，提高编制效率。

(三) 焦岗湖“一湖一策”

(1) 管控范围。焦岗湖毛集区的起止位置为焦岗闸一颍上接头，流经焦岗湖镇的14个村，分别为万岗村、藏巷村、穆台村、焦岗村、枣林村、洼梁村、周台村、王郢村、史集村、曹集村、胡集村、元新村、孙台村、乔口村。支流有丁家沟和关沟。

湖泊管理范围为沿岸之间的水域、沙洲、滩地（包括可耕地）、行洪区、两岸堤防及护堤地，焦岗湖堤防临湖侧不窄于30m，背水侧不窄于20m。具体见表4-1。

表4-1　焦岗湖河长制管理范围表

分　类	管　理　范　围	管　理　对　象
一、总体管理范围	焦岗湖水域、沙洲、滩地（包括可耕地）、行洪区、两岸堤防及护堤地	
二、分类管理范围		
1. 水资源保护	焦岗湖水域，主要支流（湖泊、行蓄洪区）入湖口段	直接从焦岗湖取水的取水口、直接排入焦岗湖的排污口、涵闸、泵站等
2. 水域岸线管控	焦岗湖堤防及岸线和入湖支流（湖泊、行蓄洪区）堤防的封闭延伸段（河口段）	穿堤涵闸、涉湖建筑、防汛道路、生活垃圾倾倒等
3. 水污染防治	焦岗湖跨界断面、主要支流（湖泊、行蓄洪区）入湖口段和直排入湖的排污口	入湖污染总量及主要污染物消减量、入湖支流（湖泊、行蓄洪区）控制断面水质、农村生活污水、垃圾、水产养殖等
4. 水环境治理	焦岗湖入湖口段	焦岗湖水功能区、城乡饮用水源地、入湖排污口等
5. 水生态修复	焦岗湖流域、滩地、主要支流（湖泊、行蓄洪区）入湖口段	焦岗湖湿地公园、水源涵养、河流连通、水土保持等
6. 执法监督	焦岗湖及主要支流（湖泊、行蓄洪区）入湖口段	监测断面布设、监测信息共享、制度和执法队伍建设等

(2) 监测断面。充分利用和整合“水十条”国控考核断面、国家重要水功能区和省、市水功能区监测断面，并结合河长制具体任务要求，焦岗湖流域确定监控断面2个，分别为焦岗湖区和焦岗湖闸上，支流的丁家沟和关沟入湖口没有监测断面。

(3) 控制性指标。

1) 水资源保护。截至2020年，毛集实验区用水总量控制在0.98亿m^3以内（不包括贯流式火电冷却水），万元GDP用水量分别比2015年下降32%，万元工业增加值用水量分别比2015年下降25%，灌溉有效利用系数提高到0.565以上。截至2020年，焦岗湖流域水功能区水质达标率达到100%。

2）水域岸线管护。截至2020年，焦岗湖流域河道管理范围划界率达到100%，河道管理范围内土地确权率达到80%，岸线功能分区管理执行率达到70%。

3）水污染防治。截至2020年，焦岗湖流域入河排污口整治完成率达到100%；焦岗湖流域化学需氧量较2015年的削减比例达到10%，氨氮排放量较2015年的削减比例达到14.3%；城市、县城、乡镇生活污水集中处理率分别达到95%、95%、70%以上；县级以上工业集聚区污水集中处理设施建成率达到100%；城市生活垃圾无害化处理率达到100%，县城、乡镇生活垃圾无害化处理率分别达到95%、70%以上；规模养殖场（小区）配套建设粪污处理设施比例达到95%以上，主要农作物测土配方施肥技术覆盖率达到90%以上。

4）水环境治理。截至2020年，湖区控制断面水质达标率达到100%，主要支流控制断面水质达标率达到90%；城镇饮用水水源地水质达标率达到100%；农村生活垃圾无害化处理率达到70%以上，农村中心村生活污水集中处理率达到70%以上。

5）水生态修复。截至2020年，焦岗湖湖岸岸段水系连通性良好。

主要控制性指标共31项，其中河流型10项，面上型21项，河流型是指能够直接分解落实到河流或河段上的任务类型，面上型是指分解落实到流域或行政区域上的任务类型。具体见表4-2。

表4-2　“一湖一策”控制性指标

目标指标	类型	现状	2020年阶段性目标	控制目标			牵头部门
				2018年	2019年	2020年	
一、水资源保护							
1. 水资源双控管理							
（1）用水总量控制指标/亿m^3	面上型	0.598	0.98	0.72	0.89	0.98	水利
（2）万元工业增加值用水量降幅/%	面上型	9.6	32.0	19.2	25.6	32.0	
（3）万元GDP用水量降幅/%	面上型	10.8	25.0	15.0	20.0	25.0	
（4）农田灌溉水有效利用系数	面上型	0.556	0.565	0.560	0.562	0.565	
2. 水功能区水质达标率/%	河流型	100	100	100	100	100	
二、水域岸线管护							
1. 岸线划界率/%	河流型	51.2	100	67	84	100	水利
2. 土地确权率/%	河流型	35.6	80	50	65	80	自然资源、水利
3. 岸线功能分区执行率/%	河流型	—	70			70	水利、自然资源
三、水污染防治							
1. 入河排污口整治完成率/%	河流型	—	100	100	100	100	水利

续表

目 标 指 标	类型	现状	2020年阶段性目标	控制目标			牵头部门
				2018年	2019年	2020年	
2. 入河污染物削减比率							
（1）COD/%	面上型	—	10	按当年下达指标确定			生态环境
（2）氨氮/%	面上型	—	14.3	按当年下达指标确定			
3. 点源污染治理							
（1）城市污水集中处理率/%	面上型	87.3	95	93	94	95	建委
（2）县城污水集中处理率/%	面上型	95	95	95	95	95	
（3）乡镇污水集中处理率/%	面上型	23.7	70	47	58	70	
4. 县级以上工业集聚区污水集中处理设施建成率/%	面上型	—	100	100	100	100	生态环境
5. 垃圾无害化处理率							
（1）城市垃圾无害化处理率/%	面上型	95.33	100	100	100	100	建委
（2）县城垃圾无害化处理率/%	面上型	95	95	95	95	95	
（3）乡镇垃圾无害化处理率/%	面上型	64	70	67	69	70	
6. 农村面源污染治理							
（1）规模养殖场（小区）配套建设粪污处理设施比率/%	面上型	65	95	75	85	95	农业
（2）主要农作物测土配方施肥技术覆盖率/%	面上型	80	90	85	88	90	
四、水环境治理							
1. 控制断面水质达标率							
（1）干流控制断面水质达标率/%	河流型	100	100	100	100	100	生态环境、水利
（2）入河支流控制断面水质达标率/%	河流型	85.7	90	90	90	90	
2. 城镇饮用水源地水质达标率/%	河流型	—	100	100	100	100	生态环境
3. 城市黑臭水体消除比率/%	面上型	—	100	80	90	100	建委
4. 农村生活污染治理							
（1）农村垃圾收集处理率/%	面上型		70	35	55	70	建委
（2）农村生活污水处理率/%	面上型		70	35	55	70	
五、水生态修复							
1. 水系连通性	河流型		良好			良好	水利
2. 沿湖地区湿地保存面积/万 hm^2	面上型	0.78	0.79	0.78	0.79	0.79	林业
3. 湿地保护修复面积/hm^2	河流型	0.00	36.42	12.14	12.14	12.14	
4. 新增水土流失治理面积 km^2	面上型	0.55	0.67	0.18	0.36	0.12	水利
5. 沿线新增造林绿化面积/km^2	面上型	0.62	0.25	0.08	0.08	0.08	林业

（四）焦岗湖“一湖一策”重点措施

（1）水资源保护。全面落实最严格水资源管理制度，严守水资源开发利用控制、用水效率控制、水功能区限制纳污三条红线，强化地方各级政府责任；坚持节水优先，贯彻落实《安徽省节约用水条例》，开展全民节水行动，推进节水减排；严格建设项目水资源论证和取水许可管理，水资源短缺地区、生态脆弱地区要严格限制发展高耗水项目，抑制不合理用水需求；加快实施农业、工业和城乡节水改造，推进节水型单位、学校、企业、灌区等节水型社会载体建设，坚决遏制用水浪费。

（2）水域岸线管理保护。按照“堵客串水，截岗坡水；坡洼圩区，抽涝排水；湖区滞涝，抽排湖水”的总体治理思路，圩口排涝标准提高到10年一遇；新建外排泵站，抽排湖水，降低高水位并缩短高水位持续时间，减轻流域内洪涝灾害。

（3）水污染防治。摸清入湖排污口分布及规模，明确污染类型和主要超标内容，严格入湖排污口完整信息，确定湖泊沿线须重点治理的排污口对象；调查湖泊受影响区域内农业、畜牧业，以及未纳入排污管网的农村和城镇生活污水、小型工矿企业排放源等面源污染的现状情况与污染类型，结合本地区面源污染治理特点与成功经验，从“减源”“拦截”“修复”三个方面着手，综合提出湖泊面源污染治理的具体措施，包括控制农业化肥和农药使用总量、提高化肥农药使用效率、畜牧业废水集中处理、沿湖村镇生活污水集中处理等。

（4）水环境治理。水环境治理措施主要包括划定水功能分区、饮用水水源地标准建设、黑臭水体治理、亲水生态岸线建设、农村水环境治理等。

对于未划定水功能分区的河湖，应在上位水功能规划（省级、市级）成果基础上，考虑合理利用河湖水体纳污能力要求，细化河湖水功能分区，明确各水功能区功能定位、水质保护目标、纳污容量、限排总量、主要保护与修复措施等。

按照已确定的河湖饮用水水源地分布与空间范围，完善保护区隔离防护以及设置警示牌和标识牌，重点清理饮用水水源保护区内违法建筑和排污口，严格控制饮用水水源地保护区面源污染，制定饮用水水源地安全达标建设方案。

对于城市地区河段、水体，应结合城市总体规划，因地制宜建设亲水生态岸线，开展黑臭水体综合治理，通过提升河湖纵向和横向连通性，提高水体自净能力，对重点河段实施底泥清除，清除内源污染。

对于农村地区，以生活污水处理、生活垃圾处理为重点，加强农村水环境综合整治，建设小型农村生活生产污水集中处理设施，对已存在的黑臭水体进行合理疏浚和生态化改造，制定重点河段沿河环境巡查方案。

（5）水生态修复。按照生态文明制度建设的总体要求，有计划地、逐步地建立包括自然湿地保护制度、退化湿地恢复制度、湿地生态效应补偿制度、湿地保护红线制度、湿地生态系统评价制度、湿地生态系统功能动态监测和预警制度等一系列重要制度，使湿地保护形成较为完整的制度框架。

结合河道清淤和综合整治，拆除硬底河床，恢复底质条件。因地制宜种植沉水、挺水、浮水植物，适量放养一定种类和数量滤食性鱼类及底栖生物，改善河道生态环境。

实施完成第二批全国水生态文明试点城市建设，加快水利风景区建设与管理，实施毛集实验区焦岗湖国家级水利风景区续建工程，在部分有条件的乡村实施美好乡村水环境治理，适时推进农村河网水系综合治理。

（6）执法监管。强化焦岗湖系统治理，建立健全焦岗湖管理保护法规制度，加大焦岗湖管理保护执法监管力度，提高执法监管能力。

推进淮南市焦岗湖管理立法工作，完善涉河建设项目管理、水域和岸线保护、水污染防治、水生态环境保护、水域占用补偿等制度体系，做到焦岗湖流域管理保护工作有法可依、有法必依、执法必严、违法必究。

完善行政执法与刑事司法衔接机制，严厉打击涉河违法行为，坚决清理整治非法排污、设障、捕捞、养殖、采砂、采矿、围垦、侵占水域岸线等活动。

严格执法监管，严厉打击涉水违法行为。建立执法检查机制，加大对重点排污单位的环境执法力度，依法严厉打击非法排污行为。加强对涉河违法建设、乱占滥用、乱倒垃圾渣土等问题的执法力度，各区严格落实防洪清障整治方案。完善行政执法与刑事司法衔接机制，解决行政执法力度较弱、违法行为屡禁不止等问题，保障执法成果。

二、龙子湖“一湖一策”实施方案

龙子湖是安徽省蚌埠市最大的城市内湖，位于蚌埠市龙子湖区，发源于龙子湖南岸多条山间河流，经南北走向，至湖北岸湖面狭窄形成龙子河，最终由曹山闸控制注入淮河，湖面大致形状为扇形，集水面积 140.0 km^2。龙子湖三面环山，山水相依，湖东岸有曹山、锥子山；南侧有大小多条沟渠；西侧有雪华山、梅花山。龙子湖南以农业灌溉用水为主，中以景观娱乐用水为主，北以渔业用水为主。根据《安徽省水功能区划（2004）》，龙子湖水功能一级区划为龙子湖蚌埠开发利用区，水功能区二级区划为龙子湖蚌埠景观娱乐用水区。依据《地表水环境质量标准》（GB 3838—2002），龙子湖水质不得低于Ⅲ类标准。2017 年龙子湖水功能区代表断面龙子湖湖心大桥水质类别达到Ⅲ类，水体营养化程度为轻度富营养，现状水质总体良好。

（一）龙子湖存在的突出问题

龙子湖既是城中湖也是城郊湖，不仅受到来自城区生活垃圾和污水的影响，还会受到来自湖区南部农村的农业面源污染；既受地理因素限制，也受自然条件限制，流域内地势落差大和水流汇集速度快导致水土流失严重，湖泊逐年淤积，并且汛期出现洪涝水患而非汛期或干旱期缺乏汇流和补给水源。

（二）龙子湖“一湖一策”实施方案的基本原则

实施方案基本原则：生态优先，绿色发展；问题导向，精准施策；落实责任，部门联动；强化监督、严格考核；层层发动、社会参与。

（三）龙子湖“一湖一策”

（1）管控范围。依据《安徽省湖泊管理保护条例（2017）》《安徽省水工程管理和保护条例（2005）》，结合湖泊实际情况，确定湖泊的管理范围和保护范围。由此确定龙子湖管控范围为南起金家岗，北讫龙子河口，左岸 10.6km 内，右岸 10.2km 内，以及所有入湖沟渠河口。

（2）控制断面。充分利用和整合“水十条”的国控断面、省控断面、国家重要水功能区和省水功能区监测断面，并结合湖泊实际情况，选取和设定考核断面（点位）。另外需结合湖长制要求，设置入湖支流河口及跨界控制断面，具体可根据实际情况取舍。龙子湖管控范围内共选取 4 个断面，见表 4-3。

表 4-3　龙子湖控制断面

设置监测断面	所在行政区	水质现状	水功能水质目标	2020 年水质目标	备　注
龙子湖北	经开区	Ⅲ	Ⅲ	Ⅲ	环保水质监测断面
龙子湖中		Ⅲ	Ⅲ	Ⅲ	环保水质监测断面
龙子湖南		Ⅲ	Ⅲ	Ⅲ	环保水质监测断面
龙子湖湖心大桥		Ⅲ	Ⅲ	Ⅱ～Ⅲ	水功能区水质代表断面

(3) 湖长制控制性指标体系。依据水利部印发的《“一河（湖）一策”方案编制指南（试行）》，围绕湖长制工作任务，在选择首选项的基础上，根据湖泊实际情况，另外选择可选项或新增指标。共细化控制性指标 14 项，其中分解落实到湖泊上的湖泊型指标 8 项，分解落实到相应行政区上的面上型指标 6 项，见表 4-4。

表 4-4　蚌埠市龙子湖“一湖一策”主要控制性指标

序号	任务	指　标	类型	2020 年阶段性目标
1	水域空间管控	水功能区水质达标率/%	湖泊型	100
2	岸线管理保护	岸线功能分区管理执行率/%	湖泊型	100
3	水资源保护和水污染防治	入湖排放口整治完成率/%	湖泊型	100
4		城镇污水集中处理率/%	面上型	95
5		城镇垃圾无害化处理率/%	面上型	70
6	水环境治理	水体富营养化程度	湖泊型	轻度
7		湖泊控制断面水质达标率/%	湖泊型	100
8		入湖口控制断面水质达标率/%	湖泊型	100
9		农村垃圾收集处理率/%	面上型	70
10		农村生活污水处理率/%	面上型	60
11	水生态修复	水系连通性	湖泊型	良好
12		湿地保护修复面积/万 m^2	湖泊型	10
13		新增水土流失治理面积/万 m^2	面上型	150
14		新增造林绿化面积/万 m^2	面上型	30

(四) 龙子湖“一湖一策”重点措施

城市湖泊的保护在城市发展进程中逐渐受到重视，大多城市规划中都对改善城市湖泊水质、修复城市湖泊生态等提出一定要求和措施，其中不乏污染源控制、湖区底泥清淤、生态治理等手段。针对城市湖泊存在突出问题，把握可行性、实用性和有效性原则，结合已有相关规划纳入的工程，从湖长制六大任务中分别制定龙子湖管护重点措施。

(1) 水域空间管控。严格湖泊水域空间管控。严格控制跨湖、临湖建筑物和设施建设，确需建设的必须符合相关规划并科学论证，严格执行工程建设方案审查等制度。对已侵占湖泊水域的开展退地还湖、退耕还湖、退渔还湖。

（2）岸线管理保护。加强岸线保护与节约集约利用。研究制定龙子湖岸线保护与开发利用规划，推进岸线保护区、保留区、控制利用区、开发利用区划定工作，禁止不符合湖泊功能定位的涉河开发活动。

（3）水资源保护和水污染防治。严格水功能区监督管理。根据湖泊纳污容量和限制排污总量，严格污染物达标排放要求，制定入湖污染物削减方案；提升水功能区监测能力，对水功能区实施全覆盖监测与评价。

落实“水十条”。全面排查入湖污染源，针对排查情况，落实责任主体和责任人，明确年度目标和工作任务，完善入湖排污管控机制，加强综合防治，重点强化城镇生活污水和生活垃圾治理，加强农业面源污染防治。

建立多部门联合防控机制，实现水利、环保、住建、城管等多部门联合防控，及时有效防范和处置水污染纠纷。健全合作组织机构，建立联席会议制度。

（4）水环境综合整治。改善湖泊富营养化。实施龙子湖清淤疏浚，减少湖区氮磷物质含量，控制藻类生长；保护滨水生态岸线，打造生态湿地，发展生态农业。

农村人居环境综合整治。结合农田水利工程、中小河流治理、美丽乡村建设，持续推进农村环境保护基础设施建设，综合运用截污治污、清淤疏浚、岸坡整治、河道保洁等措施，开展农村河道综合治理。

（5）生态治理与修复。加强水生态空间管护。全面退出人工养殖，科学实施增殖放流，发展生态渔业；推进滨水湿地植被保护与修复，减少人为扰动，增强河湖的自然恢复能力；加强河湖水系连通，积极谋划天河-龙子湖水系沟通工程；科学实施生态引调水，确保生态需水。

实施生态修复与建设工程。实施岸线整治工程，开展岸坡治理，增加岸线景观；开展绿化造林，恢复湖区南部湿地，控制水土流失；开展入湖河道生态修复，清挖淤积底泥，加强河道岸坡保护，建设入湖河口人工湿地。

（6）执法监管机制。落实《龙子湖景区条例》中执法履责制度，尽快成立龙子湖景区管委会，明确责任主体与责任事项；完善涉湖建设项目管理、水域占用补偿和岸线有偿使用等制度体系；推进联合执法，完善行政执法与刑事司法衔接机制，建立健全湖泊管护信息公开制度、湖泊日常监管巡查检查制度，实行湖泊动态监管。

第五章

国内外湖泊治理案例

湖泊修复和生态综合治理是世界性环境难题。我国湖泊众多、各具特色，且由于湖泊所处地理环境不同，区域气候、人口、生产生活方式及经济发展和均存在显著差异，因此我国湖泊具有明显的区域性特征。国际上针对不同湖泊问题进行治理保护的工作开展较早，特别是欧美、日本等发达国家在经历了污染到治理的长期探索过程后，各类湖泊均得到了较好的恢复。

以富营养化为例，从 20 世纪 30 年代首次发现富营养化现象至今，很多湖泊在经济发展期先后出现了严重的富营养化问题。近 20 年来，我国湖泊富营养化发展速度相当快。《中国湖泊水资源》《中国湖泊富营养化》《中国湖泊环境》和《中国环境状况公报》的调查结果表明，在中国东部地区，被调查湖泊在 20 世纪 80 年代大多数已进入富营养化状态(如巢湖、太湖、洪泽湖、南四湖等)；云贵高原深水湖泊水交换能力弱，易发富营养化且发展速度快，如滇池、异龙湖、杞麓湖的营养状态相当高，特别是滇池富营养化问题更为严重。而在欧美日等国家，因为经济社会发展快，湖泊富营养化发生早，其治理成效显著，特别是日本的琵琶湖治理得到世界公认，成为湖泊富营养化治理的典范；位于美国和加拿大边境的五大湖，在 1960—1970 年出现了严重的富营养化问题，尤其是五大湖之一的伊利湖，经过 30 年的治理，富营养化问题得到基本解决。可见，了解国外包括发达国家和发展中国家湖泊治理及保护的技术措施，借鉴并吸取国外治理积累的宝贵经验，对我国湖泊治理具有重要的现实意义。

虽然国外的管理模式与其政治制度有关，我国不能完全照搬，但研究国际河湖治理的优秀案例，对提高我国江河湖库管理水平，全面推进“河长制”“湖长制”具有重要指导意义。

不同自然特征的湖泊，治理思路也应不同，很多适合于浅水湖泊治理的工程措施，在深水湖泊富营养化防治中显然是不可行的，本文所涉及的湖泊的湖面面积、平均水深与水体功能等特征见表 5-1。

总体而言，国外湖泊治理的经验主要有如下几方面：构建长期治理与分阶段治理相结合的治理机制，协调开展多部门多层次的流域综合管理，同时坚持生态优先，发挥好湖滨生态保护带保育修复功能。生态优先的治理思路表现在对水生态环境特征的尊重与重视，在富营养化治理中占有突出位置。我国不同湖区湖泊问题各异，国外湖泊治理保护的启示也可能不同，如青藏高原区湖泊类似于俄罗斯湖泊，长江流域区湖泊类似于日内瓦湖等发达国家湖泊。发达国家在近百年间的发展过程中逐步出现的环境问题，在我国几十年间集中显现。因此，国外湖泊治理保护的经验及启示也要结合我国国情，汲取其精华为我所用。

表 5-1　　典型湖泊类型及特征划分

湖泊名称	湖面面积 S/km^2	平均水深 H/m	水体功能类别	类别	特征
琵琶湖	674	41	农田灌溉、家庭生活供水、工业用水、水产养鱼、景观娱乐	大中型浅水湖泊	$S>50km^2$，$H<10m$
太湖	2338	2			
苏必利尔湖	82100	147	生活供水、沟通航行、鱼类养殖、游泳、调节气候、水力发电、维持区域生态平衡和多样性	深水湖泊	$H>10m$，具有明显水温分层现象
密歇根湖	57800	85			
休伦湖	59600	59			
伊利湖	25700	19			
安大略湖	18960	86			
博登湖	536	85			
日内瓦湖	581	154.4			
城市公园湖泊	0.2～50	1～10	灌溉、观光、娱乐和野生动植物保护、调节气候	景观（小型）湖泊	$S<50km^2$

第一节　日本琵琶湖

一、简介及曾经面临的问题

作为世界湖泊治理管理最为成功的例子之一，日本琵琶湖的治理对我国的湖泊治理具有相当价值的参考意义。琵琶湖是日本第一大淡水湖，位于本州岛中西部，日本近畿地区滋贺县，临近日本古都京都、奈良，横卧在经济重镇大阪和名古屋之间，地理位置十分重要。流域面积 3848km^2，湖域面积 674km^2，平均水深达 41m，最大水深 103.6m，平均年来水量 274 亿 m^2。蓄水量 27.5 亿 m^3，460 条大小河川由周围的山脉分水岭一侧流入湖中，构成了琵琶湖的源水，湖水经濑田川流入宇治川，然后与桂川、木津川汇合形成淀川水系。琵琶湖对周边地区的繁荣、发展起着决定性作用，是支撑近畿地区 6 府县、2 市约 1400 万人生活与产业活动的珍贵水资源，是日本京都、大阪等城市的 1400 多万人的用水来源。

随着日本经济高速增长，环湖娱乐场所超量增加，人类活动带来超环境负荷的生活污水、产业污水的排放，琵琶湖在周边城镇进行综合发展的早期就已经面临着相当严重的水问题，主要可以概括为以下三个方面。

（1）湖泊水环境污染，水质下降。富营养化是琵琶湖污染的主要特征，与我国的太湖、巢湖、滇池等淡水湖泊相似。由于城市化进程加快、人口增加、生产生活方式变化，湖泊污染负荷流入量大量增加，湖内营养盐蓄积及平衡变化，底泥淤积，湖内自净能力下降，赤潮、绿藻时有发生，浅水区更是堆满了漂浮来的各种生活垃圾，水质明显下降。

（2）土地利用与土地覆被变化导致水循环改变。土地利用与土地覆被变化使琵琶湖集水区域的自然下垫面减少，琵琶湖集水区域的水源涵养能力降低，流域天然水循环被改变，对水量和水质都产生了不利影响。

（3）湖泊生态环境持续恶化。外来物种入侵增加与本地特有物种的减少、森林质量的下降是湖泊条件恶化的伴生危害，如何治理湖泊生态环境也是湖泊综合治理需要解决的重要课题。

二、治理措施

日本治理琵琶湖主要从组织机构、管理体系、严格的标准及法规与全民参与的综合治理等方面开展，其经验可以概括为源水保护、入水处理、湖水治理、生态恢复、立法管理、意识同步。

（1）水环境污染方面，首先是对污染源进行控制：点源与面源结合，着重于入湖水系的达标排放，分别对生活污水、工业废水、农业排水采取治理措施。农业上改进施肥方法，通过修建净化池及循环灌溉设施净化水质，防止营养盐类流出，制定鼓励环保型农业政策，减轻农业对环境的污染，同时控制自然类面源污染（森林、荒地、道路等）；生活污水方面，通过修建城市下水道、农村生活排水处理设施、联合处理净化槽来处理生活污水，同时结合废弃物资源化的思想进行综合治理。此外，对入湖水进行直接净化处理，比如疏浚河底污泥，在河流入口种植芦苇等水生植物，修建河水蓄积设施，等等。

（2）土地利用与土地覆被变化导致水循环改变方面，政府从琵琶湖的水源涵养、水质保护、自然环境与景观的保护三个方面考虑，采取加强土地利用管理的措施，实现琵琶湖集水区域内的土地可持续利用。尤其需要充分考虑水域与陆地的整体性，加强自然湖岸、湖畔林等贵重自然区域的保护，控制基础设施建设滞后的无序的城市扩张。源水保护是湖水治理的基本保证，琵琶湖的源水主要来自其周围环绕的高山。为保护琵琶湖源水，日本政府通过保林护林、造林、育林、防砂、治山等措施来保证有足够的森林植被和雨水浸润区，同时通过保护梯田及完善农业基础设施确保有一定的农地渗透地域，在市区街道进行透水性铺设和绿化以确保市区有一定的雨水入渗区域。通过上述努力，日本将把琵琶湖建成优质高效的水源地，确保水源水量充足、稳定，以应对高速发展的社会经济生活需要和世界上越来越明显的少雨化倾向。

（3）生态环境方面，琵琶湖诞生于400万年以前，悠久的历史孕育了特有的文化，湖区各种生物构成了丰富多彩的自然生态，连接水域和陆地的滩地是动植物最好的生长场所，因而湖水具备有效的自净功能。但富营养化使得水中浮游生物和植物大量繁殖，破坏了生态系统平衡，导致琵琶湖自循环功能减弱。为此，日本政府着重于保护湖心水域的生物生存环境、恢复湖边水域生态系统、建设湖边平原（丘陵）地区生态系统、建设山地森林生态系统，避免扰乱内分泌系统的微量化学物质（环境激素）对生物及环境造成不利的影响等行动，以便最终恢复整个流域的生态系统。目前，政府建成了以湖边过渡带为中心的现有自然生态系统，采取生物栖息地保护对策，同时加强湖泊景观建设。

三、治理经验与启示

对于我国的湖泊治理，其值得参考的经验有如下五条。

（一）规划先行，依法综合治理环境

20世纪60年代末，滋贺县政府先后制定了一系列法规和条例，对琵琶湖周围地区的生活污水和工业废水排放、湖泊与河流的堤防建设等做了明确的规定。1972年，该县制定了琵琶湖综合开发计划，对琵琶湖的环境治理和开发利用作出了中期规划。1987年、1993年和1997年制定了3期湖沼水质保全计划及琵琶湖未来发展规划。这样，到2020

年琵琶湖的水质有望恢复到20世纪70年代的水平，到2050年可恢复到日本经济高速增长之前的水平。

（二）全面规划保持生态平衡

滋贺县政府把流入琵琶湖的数十条河流及其支流以及以琵琶湖为供水之源的下游地区加以全面考虑，并根据不同地区的不同特点分别制定不同的对策。上游地区植树造林，封山固土，防止水土流失；中游地区疏浚河道，减少各种污染；湖周围地区加强水质检测，防止环境污染；下游用水地区重点是节约用水。

（三）提高全民参与意识

滋贺县政府重视对群众的宣传教育工作，组织当地居民参与各种活动，启发他们参加保护琵琶湖环境。该县政府将每年的7月1日和12月1日定为环境保护日，组织区域内的居民参与清扫琵琶湖周围环境的活动。

（四）重视与世界各国的交流

为了加强与世界各国在环保方面的经验交流，滋贺县于1984年在琵琶湖畔召开了第一届世界湖泊会议。滋贺县还在联合国环境规划署的支持下，分别于1986年和1992年设立了国际湖泊环境委员会和国际环境技术中心。

（五）建立多层次化的组织机构

基于琵琶湖的重要性，日本相关省厅设有专门的琵琶湖管理机构，如日本国土交通省琵琶湖河川事务所、日本环境省国立环境研究所和生物多样性中心等。琵琶湖所在的滋贺县设有滋贺县琵琶湖环境部，琵琶湖、淀川水质保护机构等负责琵琶湖的保护管理。日本政府将琵琶湖流域分成7个小流域，按流域设立流域研究会，每个研究会选出一位协调人，负责组织居民、生产单位等代表参与综合规划的实施。

第二节 北美五大湖区

一、简介及曾经面临的问题

在美国和加拿大交界处，有闻名世界的北美五大湖，按面积大小排列分别为苏必利尔湖、休伦湖、密歇根湖、伊利湖和安大略湖。湖区东西延伸大于1200km，蕴含丰富的水资源和其他资源，在美国和加拿大的历史发展过程中发挥着重要的作用。如今，有1/10的美国人和1/4的加拿大人在湖区居住，世界上一些最大的工业中心也兴建于此，加拿大农业总产量的近25%和美国农业总产量的7%出产于这个区域。美国将五大湖区视为第四大海岸。五大湖区在加拿大工业经济中起着主导作用。

五大湖区便捷的水运条件和周边丰富的矿藏资源曾铸就了世界汽车制造业之都、钢铁和能源基地。与此同时，传统制造业的快速发展也严重污染着五大湖的水体水质，五大湖区曾被形象地称为生锈地带或棕色田野。

五大湖区的污染源主要包括农业化学品、城市废物、工业区排放物、处置场址渗滤液等。此外大面积的湖面通过水气交换，也容易直接受到来自雨、雪或尘埃中的大气污染物的污染，特别是酸雨对湖区的污染尤为严重。例如，根据对雨、雪和降尘的测量，密歇根湖大约有20%的磷来自于大气环境。实际上，湖水的对外循环进程也是影响湖泊污染程度的重要因素之一，而五大湖的水体循环情况则是：相对整个湖水总量而言，每年流出大湖的水量非常之少，还不到整个湖区总水量的1%。较慢的湖水对外循环或流动，使得进入湖泊的污染物更加容易滞留在湖泊生态系统中，并随时间的推移而更加富集，导致污染不断加剧。

二、治理措施

五大湖区治理的主要工作成绩是跨国水质治理体制机制的建立与运行。除密歇根湖外，五大湖区其余四湖为美加两国共有，美国和加拿大任何一方的用水行动都会给对方带来明显影响。只有双方实施合作治理，才会使五大湖区的水资源得到持久性保护。有效治理湖区污染需要两国共同努力与合作。两国早在20世纪初就开始合作，不断建立健全了一套有效的跨国协调体制机制。从合理使用水资源发展到共同治理湖区污染，其主要内容和运行机制包括以下几个方面。

（一）理念共识：形成确立“生态系统管理”理念与思路

由于利益主体诸多，各方能否在认识和思想理念上率先取得共识，是真正达成“统一行动”的前提和基础。长期以来，在美国和加拿大两国对该地区实施联合管理，以及两国人民充分认识到对人类过度开发资源而导致水环境污染这一事实的基础上，初步形成和确立了五大湖区推行“生态系统管理”的理念与思路。也就是说，五大湖区的生态系统管理，需要各级政府、行业组织和非政府组织的共同参与，每个组织都有自己的责任，而且往往需要建立合作伙伴关系以保护流域的生态系统。

（二）契约先行：共同制定《边界水条约》和《五大湖宪章》

1909年11月，针对五大湖区的水环境污染问题，美国和加拿大联合制定了《边界水条约》（*The Boundary Waters Treaty*），依法明确了协调解决双边争端和防止水质污染的原则和机制。条约规定：美国和加拿大在利用五大湖水资源时不得给对方的水资源系统造成危害，防止两国跨界地区城市对五大湖区的水质产生污染。这一条约是双方最早制定的水质保护协议，对双方今后不断进行水质保护方面的协商打下了坚实的法制基础。经过先期的谈判和协商，美国方面的成员与加拿大两省成员于1985年签署了《五大湖宪章》（*Great Lakes Charter*），共同管理五大湖水资源，确保各地区内保持一定的水位和流量。2001年双方签署了该宪章的补充条例，这一关键协议为湖区水资源的有效管理描绘了更加全面的蓝图，包括水资源保护、水质恢复、水量储存利用，以及与此相关的五大湖生态系统保护等。可见，强调契约化的法治管理，始终是五大湖区跨国水质管理的重要内容和方法。

美加双方制定水质保护的相关协议，并且随着时代的发展而不断更新完善，有针对性地保护大湖地区的水环境，是五大湖区跨界水质保护的主要经验。具体来说，自1972年美国和加拿大签署《大湖水质协议》以来，根据水环境变化和保护的需要，两国政府对此协议进行了三次重大的更新和完善，使其发挥有效的约束作用。最近一次是1987年的《大湖水质协议》。重点要求控制和解决好地下水有毒污染、空气污染等面状污染源，并提出了新的管理办法，包括研制涉及五大湖区域的“补救行动计划”（Remedial Action Plans，简称RAPs）和控制关键污染物的“全湖行动计划”（Lake wide Management Plans，简称LMPs）。这一新协议的目标在于推动五大湖地区实施一体化的生态系统管理。其中 RAPs 在全湖划定了 43 个“相关问题区域”，在政府和社区团体的支持下，不断解决问题区域的水质问题，进而促进整个湖区的可持续发展能力；为了达到水质目标和恢复用途，LMPs 制定了降低湖区关键污染物（有毒污染物、污染沉积物、地下水污染等）的时间表，并在整个湖区推行质量平衡管理。此外，随着时代的发展和五大湖区水环境问题的不断变化，两国相关地方政府及时地制定一些有针对性的协议，以保护五大湖水环境免受威胁。

（三）组织保障：成立“国际联合委员会”和“五大湖州长理事会”等组织

对跨越国界的五大湖地区来说，能否建立相对独立的跨界协调组织为推动跨界水质保护行动提供强有力的组织保障，对真正推进双边政府贯彻落实相关条约具有至关重要的作用和意义。五大湖区的横向协调组织有以下几种：

（1）国际联合委员会（The International Joint Commission）。国际联合委员会由 6 个成员组成，其中 3 个成员由美国总统任命，另外 3 个成员由加拿大总理任命，其主要职能是站在独立、公正的立场上，针对涉及两国共同利益的问题，提出双方都能够接受的解决策略，有效预防和处理双边之间各种水资源利用冲突。按照最初的条约规定，国际联合委员会承担三项重要职责：一是具有一定的审批权限，如可以审批一方因开展水资源利用、截留、阻塞等活动可能会对另一方湖区自然水位和水量带来影响的申请。二是根据政府的重要会议和要求，对具体问题开展相关研究，甚至委托一些专家委员会对相关决议的执行进行监督研究等，这样的研究是国际联合委员会的一项长期性工作。三是仲裁两国政府间有关边界水域可能出现的具体纠纷。政府可提请任何双边问题给国际联合委员会，以获得最终裁决。国际联合委员会的诸多工作主要依靠两国政府的各级组织和学术团体来开展，目前它在美国和加拿大的首都（华盛顿和渥太华）各设一个办事处。

（2）五大湖渔业委员会（The Great Lakes Fishery Commission）。在 20 世纪 50—60 年代，寄生海鳗侵入，大量吞食其他鱼类，造成严重问题。1955 年，成立了双边大湖渔业委员会，负责控制海鳗。到 70 年代末，通过选择化学药品杀死鳗鱼幼苗，使鳗鱼的数量减少了 90%。自那时起该委员会还负责恢复五大湖鱼类工作。

（3）五大湖州长理事会（The Council of Great Lakes Governors）。1983 年，为了促进五大湖区的环境保护，以美国为主导，设立了五大湖州长理事会。最初的成员包括美国伊利诺伊州、印第安纳州、密歇根州、明尼苏达州、俄亥俄州和威斯康星州 6 个州。1989 年，纽约州和宾夕法尼亚州也加入理事会，共 8 个州。此外加拿大的安大略省和魁北克省也以准会员身份加入该理事会。五大湖州长理事会是一个非官方的非盈利性机构，主要职责是协调湖区各州或省之间的利益关系，特别是旨在鼓励和促进 8 个州和 2 个省之间的公共部门和私有部门进行有效合作，实现湖区经济的可持续增长，共同解决经济与环境之间的现实问题与未来挑战。

（四）科学指导湖区建设：美加两国设立专门的技术咨询委员会

按照《大湖水质协议》的规定，国际联合委员会同时需要发挥对五大湖水体的监测评估职能，而这项工作需要坚实的科学研究和技术支撑。为此，美国和加拿大在国际联合委员会的框架下，专门设立了两个强有力的决策咨询委员会：一个是水质委员会（The Water Quality Board），它是国际联合委员会的主要建言者，主要由来自美国和加拿大两国的联邦政府、州政府和省政府的相同数量的高级管理者组成，其主要职责是对协议条款的执行情况进行评估，促进五大湖计划在不同级别政府之间的协调。另一个是科学咨询委员会，主要由政府和学术界的高级专家组成，为水质委员会和国际联合委员会提供科学研究成果和需要研究的议题。除了科学咨询委员会外，还有一个五大湖研究管理者理事会，专门为五大湖研究计划提供有效的指导、支持和评价。这两个组织有各自的次级专门委员会、工作队和工作组，以解决大湖水环境面临的具体问题。可见，注重科学技术咨询和学术研究，实施科学决策、科学治理是五大湖区有效治理水环境的重要经验之一。

（五）国家支持：美国和加拿大政府主动行动

五大湖区作为典型的跨国区域，除了建立健全横向之间水质治理组织和协议外，美国和加拿大两国政府还主动配合，在自己国家内部依法落实跨界水质治理的各项要求，在国内都制定了不尽相同的五大湖治理计划和举措。这也是五大湖区跨界水质管理体制取得成效的重要原因之一。

美国方面主要采取以下方法：一是制定很多法案并提出明确的控制要求。如美国涉及五大湖区水质管理的法案有《清洁水法案》《资源保护和回收法》《有毒物质控制法》《综合环境反应和恢复法案》和《国家环境政策法案》等；这些法案为州政府提供了有力的指导作用。二是明确联邦政府负责机构协同付出努力。如联邦环境保护局是五大湖区的领导和负责机构，而美国鱼类和野生生物局、美国国家生物局和美国海岸警备队等都要协同参与。三是支持相关机构对大湖区域开展研究工作。如芝加哥的环保局区域办公室下的大湖国家计划办公室，为应用研究提供资金，并协调其与环保局研究实验室在大岛、密西根、德卢斯、明尼苏达州和其他地方开展研究活动。又如美国国家海洋和大气管理局（NOAA）有一个大湖环境研究实验室，陆军工程兵开展水质和水量研究，州政府和联邦政府资助五大湖周边 7 个州的若干大学也开展水质研究等。四是注重部门互动，强调跨部门之间协调整合。

加拿大方面采取的主要举措有：一是明确联邦政府和省政府的权限及主要负责部门，根据大湖水质协议设立的水质管理目标由联邦政府和省政府共同负责，目标的执行由省政府负责。其中联邦层面的领导机构是加拿大环境部，参与部门有渔业和海洋部、卫生署、农业和农业食品部、运输部和政府服务部等；而地方层面的主要负责机构是安大略省环境和能源部：自然资源部，前者主要负责制定各个行业的污染物控制标准和提供污染治理资助，后者主要负责湖区的渔业、林业和野生动物管理。二是中央和地方联合制定行动法案和协议。例如《加拿大联邦水法案》规定了联邦-省协定，确定了两级政府的责任；加拿大-安大略协定规定，为了满足大湖水质协议的相关要求，联邦政府和安大略省进行联合工作。三是制定法律。如 1988 年加拿大制定实施了《环境保护法》，为控制五大湖区有毒物质提供了一个基本框架，为彻底禁止造纸厂排放二噁英等有害物质提供了法律基础。

（六）社会支持：民间组织和社会团体参与监督

大多数成功的管理实践，总是要求在多元化的公共领域中形成合作制度。在五大湖水环境治理中，社区、地方团体和个人等非政府组织也充当着重要的角色，发挥着重要的作用。强有力的社会支持，是五大湖跨界治理的重要经验。例如在五大湖跨界管理中，个人和家庭起先是作为消费者、循环使用者、社区管理者和健康促进者采取行动的。非政府组织承担公众教育的责任，并给政府提供导向。商业企业是以经济的、可持续的方式，与社区和政府进行合作，并遵循着他们自己的原则。当地居民通过提出问题、获取有用信息或提供需要优先讨论的地方议题等方式，积极参与当地政府的决策过程，或者通过一些公共决策协会等对五大湖管理机构施加压力，推动地方当局不断关注民意，持续改善当地水环境质量。更为重要的是，当地的民众和社区团体在净化活动中发挥着积极的作用。他们采取沙滩扫荡和重建项目等方式，恢复当地的集水区和栖息地。此外，当地民众健康、循环、负责任的生活消费方式，在减少和防止污染中也发挥着重要作用。

三、治理经验与启示

我国体制下，行政区划对区域经济发展和环境治理具有刚性约束，多元治水、多头治水的现象非常普遍，五大湖区跨国管理体制无疑对我国流域管理具有重要的启示作用。

启示一：区域生态系统治理新理念。在地方利益驱动下，环境治理中存在显著的“以邻为壑”思想。我国要想彻底解决日趋严重的跨界污染问题，首先需要各级地方政府转变发展理念。像五大湖区一样，跨界地区的政府和民间社会都要树立生态系统治理的新理念，充分认识跨界污染治理不仅是一个水、土、大气等生态要素紧密联系的统一体，更是需要相邻行政单元采取统一行动的利益共同体。

启示二：制定具备强约束力的政府间协议。根据美国和加拿大五大湖区的治理经验，我国跨界流域的相邻行政区政府之间，应该制定统一的污染治理规划和政府间协同治理污染的相关协议，明确规定每一方政府在流域水资源开发利用和环境保护中应承担的职责和义务。当双方发生纠纷时，应该依法协调处置，增强政府间协议的实效性和权威性。

启示三：跨界流域设立超越地方政府利益、独立的第三方利益协调与决策机构。根据五大湖区的跨界水质治理经验，在跨界流域的水污染治理中，拥有一个真正代表跨界地区利益（超越地方利益）、独立的跨界水质协调和决策咨询机构（如国际联合委员会），对推进双边政府依法落实流域水质保护协议具有至关重要的作用。目前我国的环境管理行政体制只要求本地政府对本地环境负责，这是导致“跨界污染”越演越烈的主要原因，也是造成我国水环境质量总体恶化的主要因素之一。因此，应加大改革我国环境管理的地方化体制，将跨部门管理与跨行政区流域管理相结合，在跨界流域设立独立的、超越地方政府利益的第三方水资源协调与管理机构，如跨界流域水质管理委员会或环境保护理事会等跨界机构，依法赋予其发现问题、研究咨询和处理跨界水质纠纷的职责，建立健全双边或多边的利益协调机制，如信息互通共享机制、联合采样监测机制、联合执法监督机制、协同应急处置机制、生态补偿机制等，以此来保护跨界流域的水质环境。

启示四：建立健全跨界流域水质治理的社会参与机制，构建跨界水质保护的第四方力量。跨界流域的水质保护关系着广大民众的生命健康与生活安全，是一项典型的民生工程和社会稳定工程。为此，一方面要充分发挥大众媒体的作用，及时、准确地报道各类跨界污染事件，帮助人民群众做好跨界流域水质保护的舆论监督和信息公开工作；另一方面，要积极引导和教育广大人民群众，形成科学的消费方式和生活习惯，最大限度地降低水资源消耗和水污染。与此同时，要在跨界流域组建水环境保护的民间组织、发展论坛、学术研究团体等参与形式，营造跨界流域环境保护的社会氛围，最大程度地提高环境保护的社会参与度。

第三节 博　登　湖

一、简介及曾经面临的问题

位于德国、瑞士和奥地利三国之间的博登湖保护是跨国湖泊协调治理的样板。博登湖位于德国、瑞士和奥地利三国边境，是德国最大的湖泊。其整个汇水区面积为11438km^2，其中28%位于德国境内，分别属于巴登符登堡州和拜仁州。博登湖湖盆位于海平面395m，整个湖面面积为536km^2，分为上湖（Obersee）和下湖（Untersee），上湖面积为473km^2，下湖面积为63km^2，博登湖最深处为254m，也是德国最深的湖泊。湖岸总长为273km，巴登州、拜仁州、奥地利和瑞士分别占155km、18km、28km和72km，博登湖位于三国交界处，受三国共管，在上湖没有明确的国界线，这也是欧洲唯一没有明确划定边界的界湖。由此，沿湖三国对于博登湖的所有利益都需要达成一致。在20世纪，博登湖集水区人口不断增加，伴随着工业农业的发展，污水和农业区径流的污染日益严重。随后博登湖进入了富营养化阶段。在20世纪50—80年代，博登湖的富营养化问题得到广泛关注和深入研究。通过三国的共同努力，污染已经部分得到治理，目前湖水清澈，水质优良，可以直接饮用。

二、治理措施

由于博登湖边境湖泊的特殊性，其治理首先从管理体制的建立开始。

（一）管理机制建设

围绕博登湖存在多种合作机制，例如在水质方面，博登湖国际水体保护委员会（IGKB）于1959年年底成立于瑞士圣加仑市，致力于沿岸各国共同合作保护博登湖。一年后，该委员会签署具体九条规定的《防止博登湖受到污染的协议》。该协议由德国联邦州巴登州和拜仁州政府作为协议方与奥地利和瑞士一起签订，联邦德国作为观察员参加协议签订。IGKB主要任务包括：监控湖泊状况、确定受影响原因、损害防卫（尤其是对于环境事故的紧急求助）、提议合作措施、为沿湖各国提供咨询、对规划的湖泊使用进行探讨规范。IGKB中除有各沿湖国家派选的代表组外，还包括公众服务工作、博登湖水信息系统、专业委员会，其中专业委员会包括湖泊专务、汇水区专务和损害救助。此外，IGKB还可以根据需要设立专门小组。除了事后的防治措施外，自20世纪80年代后期起，委员会也日益加强事先预防规划和措施，比如限制船舶停泊位置、规范航运排放废气等。在IGKB框架下，除了湖泊状况的定期报告（又称为绿色报告），还有研究项目和特殊的检测报告（又称为蓝色报告），此外还有多种指导性文件，包括对于码头和航道的泥沙问题、湖中鱼类及其洄游、湖岸评估图标、博登湖恢复自然措施、汇水区污水处理设施的分析图、船舶泊位数据、人工化学物质等。

对于洪水防控，沿湖各方也共同成立了一个信息平台，在此平台上各地方公布定期及时雨量与水量信息，并对相关事宜作出预告。

另外还有一些小区域的合作平台，如成立博登湖南岸区域，由1995年成立的阿尔卑斯山区莱茵河国际管理委员会（IRKA）和早在1892年就由瑞士和奥地利共同成立的莱茵河国际共同管理（IRR）。渔业方面，早在1893年就成立了博登湖渔业国际全权大会

(IBKF)，1973 年又成立了博登湖国际航运委员会（ISKB）。在更大的流域层面，还成立了莱茵河保护国际委员会（IKSR）。在这些合作平台的背后，一方面是成立这些机构时，各方达成的一致意见，另一方面是通过这些机构形成的政府间协议与条约。

水环境方面的专业控制组织有博登湖-莱茵水厂工作共同体（AWBR）。它是博登湖和莱茵河汇水区 70 多个水供应企业的联合会，供应周边 1000 万人的日常用水。该共同体致力于在所有层面上改善水体质量，以实现在将来也能随时向周边居民供应优质而足够的饮用水。共同体的工作也是多方面的，如针对水体保护、饮用水、法规和法律草案等领域，进行专业的调查并执行全面的检测项目，并作警戒提示，出具专业意见，等等。

除了直接与湖泊保护相关的措施，沿湖各城市还于 1972 年举行了一个博登湖沿湖的国际会议，以保持和促进博登湖区域作为一个生活、自然、文化和经济空间的活跃度和吸引力，加强区域的合作和联系。在会议之初，其目标明确，致力于在规划中的合作和保护及改善博登湖各城市的环境。尽管这个合作不是直接与水相关侧重于跨边界的集体环境保护，但因为博登湖的水体保护是一个全面的可持续的水治理，只有加强社会、经济和环境多层面的区域合作与协调，才是保障博登湖长期清洁的坚实基础。

（二）法律法规建设

委员会等没有具体的执行权，它仅能对沿湖各国所采取的措施提供咨询、给予建议。因此，沿湖各国有义务尽最大可能将委员会建议的水体保护措施转化为各国国内法律法规。

于 2000 年生效的《水框架指令》是欧盟成员国水管理的共同基础。在 2001 年的莱茵河部长级会议上，不属于欧盟的瑞士和列支敦士登同意支持落实《水框架指令》。为实现所规定的环境目标，成立了由巴登州、拜仁州、意大利、列支敦士登、奥地利、瑞士六方和博登湖国际水体保护委员会、莱茵河保护国际委员会、阿尔卑斯山区莱茵河国际管理委员会和莱茵河国际管理四个相关国际机构共同参与组成的阿尔卑斯莱茵河/博登湖协调小组。该组织于 2005 年发布《阿尔卑斯莱茵河/博登湖现状报告》，于 2006 年制定了《监控监管国际协定》，并于 2009 年公布了《管理规划和措施项目的国际协定》，该协定提议以保护水体为目标的合体措施，通过规定对污水处理的相关阈值和技术指导制定了《博登湖保持清洁指令》，规范保持和恢复博登湖生态功能的措施，并尽可能地将这些保护措施落实在各沿湖国家的法律法规里。其中《博登湖保持清洁指令》自 1967 年制定以来不断更新，最近于 2005 年又作重新修订，包括两个部分，首先规定了九条总的要求和目标以及五项原则（可持续性原则、预防原则、最小化原则、污染责任人原则、合作原则）；其次是具体的要求，分别对污水、水危害物质、农业和林业、渔业养殖、冷却和供热水、航运、在湖岸和浅滩区域的建筑型措施、水建设方面的措施这八个方面做了详细规定，它是博登湖保护工作中共同建设与投资计划的基础。

（三）具体治理措施

博登湖在博登湖国际水体保护委员会等国际组织框架及《博登湖保持清洁指令》等法律法规的指导下，根据博登湖深水湖泊特别需要保证深水区充足的氧含量来保障自然的生物进程的类型特点，采取的相应措施总体可概括如下。

在水体保护上，改善水体结构、河水径流方式和流动水体中的可通过性，减少地表水的营养物负担；路面污染源控制措施包括：不在直接近湖区域施肥，不在湖边放牧、在汇水区按需施肥、控制牲口密度、加强水土流失防治、支持生态型土地耕作；对于沿岸区带的措施包括：防止破坏湖岸、近自然的湖岸布置、维护和新建芦苇滩、为长距离的洄游鱼类扩大在博登湖及汇水区的可洄游区域、撤除浮标和系泊位置、机动船许可证的配额制、评估和制定湖岸地图、救助损害事故等；针对污水技术方面的措施包括：分散型的雨水处理、改造雨水和雨污混合水处理设施、对污水管道进行更新、在汇水区促进污水管道全接入；在废水处理方面，主要是再继续推进乡镇的污水处理设施和降雨调节池建设；在农业方面的基本措施是，实施欧盟氮指令和肥料条例以及其他专业法规，如植物保护法、肥料堆放规定等等。由于点源和面源污染的营养物和农药在部分地方仍然威胁着水体，因此监测与监控作为日常工作仍在逐步加强。

湖泊保护不只是主管部门的职责，公众参与也起着十分重要的作用。博登湖水体保护国际委员会要求每个公民参与，不仅公布博登湖的详细信息，还办有定期出版的湖泊刊物，委员会网站上还提供大量学习材料，不仅包括一般性基础知识，还包括生态、动植物、水质、水情、生态农业、有关莱茵河以及航运和港口等专业知识。《管理规划和措施项目的国际协定》同样对于公众参与进行了明确规定，规定了各方义务。

三、经验与意义

博登湖在各种机构的努力下，在原有污染治理成功的基础上，将欧盟《水框架指令》的共同体层面作为基础，整合原有的冲突的割裂的零散法规体系，并贯彻综合管理理念，制定统一的环境目标。根据博登湖治理的经验，我国在湖泊治理及后续管理方面可以有以下一些可借鉴之处。

（一）建立广泛协调合作的管理机制

对于流域管理与行政区域管理之间的关系，博登湖的处理堪称典范。从博登湖的协调管理机制来看，其存在着多层次专业领域的协调机构。这类协调机构一般按民主制度由各沿湖行政区域派代表组成。在欧盟《水框架指令》立法过程中，就曾经讨论是否设立流域管理机构，但最后认为流域单元统一管理并不一定需要有职权的机构，协调机构强调协调与合作十分重要。

不同于我国现有由水利部下属式的各流域管理委员会，行政机构不管是从管理专业权限范围还是从管理权实施的有效性来说都有差别。在行政区域管理体系中贯彻流域统一管理的理念，既可以有效发挥职权行使的效力，又能扩大专业权限的范围。其实施的重点是加强交流、沟通与协调，并作为一种强制性、长效性的机制下达到各行政区，要求各行政区将流域管理作为日常工作的一环。

（二）以流域为单元统一管理

流域管理其实是一种综合管理的理念，德国和欧盟水管理都强调水的多种利益和利益平衡，因此强调欧盟内跨成员国和跨行政区的立法目标、管理机制等方面的协调合作。另外，流域单元统一管理也是《水框架指令》的一个重要制度。从流域层面对水体进行管理，也可以认为是综合水管理的一个具体措施。我国实施流域统一管理可以从多个角度来进行，首先是水面与陆地的统一，水体管理同样要考虑到河岸与水体周边的陆地管理；其次是需要上下游，左右岸的协调统一；再有是不同级别行政部门和不同领域的行政部门之间的沟通与协调。我国目前较为欠缺的是利用多种社会管理手段进行管理，包括在文化意识层面对大众的水保护意识的宣传工作。

（三）注重水生态保护

湖泊治理不仅是为了保障饮用水供应，不能只局限于湖泊水，而应当提高到水生态保护的高度。只有当湖泊水生态状况良好，才能持久地供人类使用。博登湖治理在生态保护上采取四大举措：①严格控制湖泊及周边地区的开发建设。在沿湖周围新开建设项目要严格实行环境影响评价，重点是评价其对湖泊带来的生态环境影响。适度开发湖泊资源，对捕鱼、抽水和旅游都有十分严格的规定，如对入湖船只要求安装太阳能电池，使用无污染的油漆、涂料。②保护湖滨带。政府和有关民间保护组织有计划地把湖边私有耕地购买过来并种植芦苇，建立自然保护区。③减少面源污染。在禁止使用含磷洗涤剂的基础上，规定在距离湖面 10m 之内严禁施用磷肥。同时，大力宣传教育农民科学施肥，提倡在湖区周围弃耕和生态耕作，政府对由此造成的损失给予补贴。④实行湖、河同治，大力恢复河流生态。对莱茵河这条主要入湖河流同样进行了几十年的治理，使入湖水质明显好转。同时，对自 19 世纪以来因航行、灌溉和防洪在河流上修建的各类工程（如河流两岸的水泥护坡），逐步拆除并代之于以灌木、草本，对曾被裁弯取直的人工河段，要逐步恢复弯曲原貌，恢复其生机和活力。我国湖泊众多，周边生态环境差异较大，但富营养化、周边不合理开发渔业、农业资源等问题普遍存在，因此，综合治理生态的措施必须从多方面贯彻落实。

（四）专业技术支撑、经济手段辅助

德国水体治理进程中，依法建设大量废水处理设施是一项基本的物质保障，从而实现高标准的达标排放，排放的废水不对环境产生明显不利影响。博登湖周边不断修建污水处理设施，并且提高污水处理设施的处理技术。同时，利用递进水价制度，增强人们珍惜水的意识，自觉保护水体。

对我国的启示有：水质监测、处理等专业设施的建设和技术的不断提升在满足水质改善、监测水质环境指标的基础上也可以作为一种知识财富创造价值；而经济措施在利用市场调控平衡水需求的同时也能为水生态保护提供一定资金，满足水生态保护需要大量的投资。

（五）严格的法律制度作为基础

欧盟《水框架指令》和德国《水平衡管理法》都是从对水（体）使用进行管理为根本出发点。其制度设置上分为取水后使用和使用后排放废水两种使用形式，这里的“使用”是从对水体造成的结果而言的，即只要对水体产生影响，在德国水法中就必须进行事先审查来进行严格的管理控制。个人没有水体使用权，仅有向水体管理机构的申请权。而且，德国水法不断受欧盟水法的影响，越来越侧重从环境保护的角度出发，以规定期限的环境目标为导向。

我国的水法并不限制个人取水的权利，并且不会预先考虑用水对水体可能造成的结果，事先审查无法可依，也就造成了法律限制难以对使用后的排放废水进行有效的管理。同时，对规定期限的环境目标在法律上没有较明确的定义，也使得法律无法有效约束个人或集体对污染治理的行为。因此，湖泊或流域立法必须到位，继而才能谈论如何严格实施水法。

（六）在程序上强调公众参与

博登湖所在的康斯坦茨市，居民从衣食住行各个方面都时刻注意科学用水合理回收处理废水，环保教育彻底制度化，融入到从幼儿园到中学的各个时期。

目前我国的公众参与仅停留在相关的信息公开方面，而在日常生活中更需要加强公众参与度。公众多方面的参与往往能发挥群众的智慧与创造力，能让环保理念深入人心，同时也是保障相应规划与措施顺利执行的关键。

第四节　日　内　瓦　湖

一、简介及曾经面临的问题

日内瓦湖是法国和瑞士的界湖，日内瓦湖长73km，宽14km，湖面面积581km^2，其中60%的湖面在瑞士境内，40%的湖面在法国境内；湖水平均深度为154.4m，最深处为309m。20世纪70年代日内瓦湖水体严重污染，日内瓦湖遭受严重的化学污染，家庭用的废水甚至农药都没有经过处理就直接倒入湖里，致使其一度成为“死湖”，无法用于生产或休闲活动。在公共管理部门、民间社团及私营部门的共同努力下，如今日内瓦湖成为中欧地区最大的饮用水蓄水池，大部分饮用水（80%）从日内瓦湖提取，其余的20%来自阿尔沃河渗透形成的地下水。

二、治理措施

日内瓦湖的污染防治采取了两种相辅相成的措施，即治理与防控。

（1）在1970—1980年进行的治理。这期间，为清除湖水中的污染物，采取的措施包括：合理建设管道系统，将居民生活废水和工业废水输送到处理工厂；借助各种处理手段将废水中的有机质和含磷污染物清除之后才将废水排放到湖、河等自然环境当中。治理污染必须从源头抓起。既然日内瓦湖的湖水污染来自上游的河流，而上游数十条河流有的几十千米长，有的数百千米长，这就需要政府立法在全国范围治理污染。瑞士《联邦宪法》规定“采取环境保护措施是国家义务”。国家为履行环保义务，出台了若干环保法规。《联邦水保护法》强调，为保护人类、动物和植物的健康，防止水体遭受任何形式的污染。法律还禁止直接或间接地向任何水体投入或渗入任何可能导致水体污染的物质，任何物质如果存在对水体有污染的风险，则禁止在水体附近进行储存或扩散。所有企业、工厂的污水排放必须首先经过内部的初步处理，然后引流到政府指定的污水处理厂处理，如进行脱磷、脱氮等，经过污水处理厂处理过的水检验达到环保标准后方可排入河流、湖泊等水体。瑞士环保法强调保护环境人人有责，对违反环保法规者判处6个月监禁或罚款；如果同时有违反《刑法》的情节，则动用刑罚处理。

瑞士1876年颁布的第一部《森林法》规定“森林面积不得减少”，因建设用地需要砍伐森林，必须另造一片同样面积的森林予以补偿。瑞士一直严格执行这一法律，一个半世纪以来森林面积从未减少过，森林覆盖率高达24.6%。

（2）自1986年开始进行的防范。从1986年开始，为防止污染物进入水体（从源头遏制污染），采取的措施包括：制定严格的废水排放标准、禁止使用含磷衣物洗涤剂；设法减少耕作过程中的营养（磷肥和氮肥）流失、限制化肥和杀虫剂的用量。为了改善水质，瑞士政府制定了严格的法律来限制排污行为，建立了污水处理工厂，即便是处理过的污水也不会被排入湖中。居民生活废水也不得随意排放，必须引流到污水处理厂处理。湖泊及河流附近的建筑物屋顶流下的雨水也不得随意排放或任其渗入地下，必须经过处理后方可排放，因为屋顶的防水材料会污染雨水。瑞士法律还禁止在河流、湖泊沿岸及公路、铁路沿线使用某些农药和除草剂。在日内瓦，三分之一的公园不使用任何杀虫剂，日内瓦市民认为，为了能喝到纯净的水，花草上有些虫子算不了什么。瑞士还通过全民公投禁止种植转基因作物，不仅是因为担心转基因食品会给人的健康带来危害，还担心播种转基因作物对水造成污染。由于这一湖泊一半属于法国，当地政府还建立了跨国水治污机制，促进两国合作，联手应对河水污染问题。到 21 世纪初，日内瓦湖就已完全可以供人放心地尽情游泳、泛舟或潜水、赛艇，并且湖水可以直接饮用。

三、治理经验与意义

日内瓦湖的治理对我国也有着重要的借鉴意义，首先一点是明确谁污染谁治理。瑞士环保经费来自专门的污染税，不管是公司还是居民个人，谁排放了污染物谁掏钱治理，多排放多掏钱。这样，政府就可以把征收的污染税用于环境保护。我国环境保护需要大量的资金投入，如果仅靠政府泛泛地财政拨款搞环保，这就相当于让纳税人均摊环保费用，这是不公平的。因此，针对污染物的排放，我国应采用细化管理的方式，预先进行污染责任划分。

此外，对于重要湖泊可以采用出台治理计划的方式，对公众广而告之。瑞士人像母亲照看婴儿一样保护着日内瓦湖。日内瓦湖国际委员会从 1991 年起每 10 年制定一次行动计划，目前执行的是 2011—2020 年行动计划，该计划主要是保持湖水品质，确保湖水经过简单处理即可饮用，保护湖区居民健康，降低湖水污染物质的含量，不允许任何合成化学品进入湖水。我国参照该办法可从国家战略角度提出太湖、鄱阳湖等重要湖泊的行动计划，流域管理机构提出具体行动方案，从而有目标地逐步优化湖泊环境。

最后，强有力的专业性监管也是治理的重要一环。瑞士政府和法国政府对日内瓦湖进行一年 365 天、一天 24 小时的全天候监控。日内瓦湖周边有 222 个污水处理厂，确保不让一滴未经处理的污水流进湖里。对我国而言，无论是监管频率还是监管力度都有很大的进步空间，虽然全天候的监控目前无法实现，但随着移动通信和网络技术的不断发展，更智能化的监管措施势在必行。

第五节 太　　湖

一、简介及曾经面临的问题

太湖位于长江三角洲的南缘，是中国五大淡水湖之一，界于北纬 30°55′40′～31°32′58″和东经119°52′32″～120°36′10″之间，横跨苏、浙两省，北临无锡，南濒湖州，西依宜兴，东近苏州。太湖湖泊面积 2427.8km^2，水域面积为 2338km^2，湖岸线全长 393.2km。其西和西南侧为丘陵山地，东侧以平原及水网为主。太湖地处亚热带，气候温和湿润，属季风气候。太湖河港纵横，河口众多，有主要进出河流 50 余条。太湖水系呈由西向东泄泻之势，平均年出湖径流量为 75 亿 m^3，蓄水量为 44 亿 m^3。

由于当地生产生活超强度的索取，大大小小的船菜餐馆、环湖的小化工厂、印染企业废水大量入湖。这些岸边的污染源导致水体出现了严重的富营养化。自 20 世纪 90 年代以来，太湖曾多次（1990 年、1994 年、1995 年、1998 年）发生饮用水污染事件。水污染情况至 21 世纪仍然加剧。2007 年 5 月 27 日，位于梅梁湾和贡湖湾交界之处的贡湖水厂受不明污水团侵袭，太湖大部分水质恶变，无锡市除锡东水厂之外，其余占全市供水量 70%的水厂水质都被污染，影响到 200 万人口的生活饮用水。在此次水危机过程中，溶解氯含量低至 0mg/L，NH_3-N 含量高达 5mg/L，TN 含量高达 11mg/L，TP 含量高达 0.5mg/L。高 TN 和厌氧状况持续了约 4 天时间，高 NH_3-N 的时间更短，约 2 天，但是与正常水平相比，NH_3-N 的含量上升幅度最大（约 16 倍），DO 的含量下降幅度最大（从 6mg/L 下降到 0mg/L），TP 含量上升了约 5 倍，TN 含量上升了约 4 倍。

早在 1991 年，国家便启动第一期太湖治理工程，其后十数年间投资逾百亿元。1998 年，国家批准《太湖环境治理计划》。也是这一年，国务院有关部委又会同苏、浙、沪两省一市发动了声势浩大的水污染治理运动，其中规模最大的就是 1998 年年底的“聚焦太湖零点达标”行动。“零点达标”是指到 1998 年年底，太湖地区 1035 家重点污染企业必须全部实现达标排放。尽管官方宣布“基本实现阶段性治理目标”，但对于“零点达标”的质疑却一直不断。进入 21 世纪，监测结果更表明，太湖水质恶化程度并没得到遏制。2005 年，第二轮太湖治理开始。黄宣伟接受采访时说，第一轮太湖治理时，太湖的污染面积只有 1%，但到了第二轮治理开始时，太湖的污染面积已超过 80%。2007 年蓝藻大暴发，江苏省级财政每年投入 20 亿元专项资金用于太湖治理。从 2007 年至 2011 年底，5 年间从太湖打捞蓝藻达 280 万 t。

尽管经过了 10 年的长时间治理，太湖无锡水域总氮、总磷分别下降了 54.4%、38.9%，但 2017 年 4 月以来，太湖仍发生蓝藻水华 20 多次，藻密度、聚集面积较上一年同期均有所增加，个别时段的部分湖区蓝藻聚集情况较为严重。一方面因为太湖氮磷浓度长期处于较高水平，太湖藻类生长条件未得到根本性改变，一旦水文、气象条件具备就会出现大面积聚集，这也是太湖蓝藻暴发的内在原因。另一方面，气温是诱因。去年冬季太湖地区平均气温 6.8℃，比常年同期高 1.9℃。冬季积温（积温是指一年内日平均气温≥10℃持续期间日平均气温的总和）613.2℃，比常年同期偏多 164.3℃，为历史第一高，有利于蓝藻休眠越冬。气温偏高，越冬期太湖底泥中具有活性的蓝藻数量多，春季蓝藻复苏量也相应大增。加之当年春季气温偏高，蓝藻复苏早。当年春季前期平均气温 13.6℃，比常年同期偏高 1.9℃，日照时数 309.6h，比常年同期多 35.7h，有利于越冬藻种的复苏和快速生长。

可见，太湖地区从根本上解决富营养化问题仍将是一个长期、艰巨、复杂的过程。还不仅仅是富营养化，缺水也是太湖必须面对的问题。

此外，太湖区位跨苏浙皖沪多省市，由于制度上的制约，专司太湖管理的部门难以对流域内污染企业进行整治，只能由各地方政府出面管理；太湖流域管理局的职责权限仅在于水质方面，污染源只能向当地政府提供建议。太湖流域水污染治理只由苏、浙、沪三省（直辖市）按块负责，因此流域与区域存在隔阂，流域管不了区域，区域规划与太湖流域综合规划不接轨。

二、治理措施

这十年，太湖流域周边采取了各种专项整治行动，开展了多项工程。

（1）针对污染问题，苏州、无锡、常州拆除水产养殖围网3万多亩，取缔迁移1000多处畜禽养殖场，清理湖底淤泥3700多万m^3，无锡每日派专人打捞蓝藻，截至2017年总计打捞蓝藻800多万t；太湖流域关停化工企业多达5336家；环湖新建污水处理管网24500km，足以绕太湖56圈，城市污水处理率已达95.3%。

（2）为解决污染及缺水问题，2001年开始通过“引江济太”改善水质。2002年年初，“引江入太”调水试验工程正式实施。其战略构想是充分利用流域现有水利工程体系，将长江水调入太湖流域，首先让太湖水流动起来，进而带动周边下游河网水体流动，提高水体的自净能力。迄今每年都从长江引入相当于半个太湖的水量，用于稀释湖水。

（3）法律法规方面，针对太湖富营养化问题，2007年就出台了《江苏省太湖流域污水处理厂和重点工业行业污水排放限值》（DB 32/1072—2007），在全国率先提出了污水处理厂和六大重污染行业最严格的氮磷排放标准。2008年5月，国务院正式批复并付诸实施《太湖流域水环境综合治理总体方案》。2012年4月，太湖流域水环境综合治理省部际联席会议编制形成了《太湖流域水环境综合治理总体方案（2013年修编）》，治理区范围包括江苏省4市30个县（市、区）、浙江省3市20个县（市、区）及上海市青浦区练塘镇、金泽镇和朱家角镇，总面积3.18万km^2，治理期限为2013—2020年。

三、今后主要任务

（一）加强饮用水安全保障

按照“水源达标、备用水源、深度处理、严密监测、预警应急”的要求，构建流域供水安全保障体系并加强考核。严格水源地保护制度，建立健全水源地附近藻草管控机制和水质监测预警，加强饮用水水源地达标建设和长效管护，2018年年底前完成县级以上饮用水水源地“划立治”工作。全面实施自来水厂深度处理工艺改造，到2020年基本实现流域“双源供水”和自来水深度处理两个全覆盖，努力推进全流域从安全供水向优质供水转变。提升流域骨干水利工程引排能力，适时开展调水引流，切实发挥引排工程环境效益，维持太湖合理水位，满足湖体水生植物生长需求，保障枯水期河道合理水位，提高水体流动性。到2019年基本完成望虞河西岸控制工程建设，到2020年基本完成新孟河延伸拓浚工程建设。

（二）提高蓝藻和湖泛防控能力

落实应急防控预案要求，加强蓝藻、湖泛监测预警，准确掌握太湖水质及蓝藻动态情况，强化分析研判，适时启动应急预案，有效应对蓝藻水华暴发，及时处置湖泛，并减少湖泛发生概率。将饮用水水源保护区、风景名胜区、居住区和休闲场所等沿湖敏感水域作为重点，确保重点水域无明显蓝藻堆积、无腐烂发臭现象，到2020年，重点水域基本实现蓝藻日生日清。提高蓝藻水草机动化和机械化打捞能力，建立合理的蓝藻打捞和处置补贴机制，推进环湖区域藻水分离和藻泥无害化处置设施建设，改造提升藻水分离设施，增强藻水分离能力。在蓝藻水华易聚集的竺山湖、梅梁湖、贡湖及西部沿岸等重点地区，推广蓝藻高效打捞及综合利用技术，新建处理能力达1000t/d藻泥无害化处置项目，到

2020 年，打捞蓝藻基本实现无害化处置。

（三）抓好工业污染防治

加快工业产业结构绿色转型：2020 年年底前，根据评价结果因地制宜对相关重点行业和重点污染企业制定实施正向激励和反向倒逼的差别化政策措施，实行分类分级管理。到 2020 年，流域上游重点地区全面开展各地水资源、水环境承载能力现状评价，依据评价结果进一步削减污染总量。开展重点行业企业提标改造：按照《太湖地区城镇污水处理厂及重点工业行业主要水污染物排放限值》（DB 32/1072—2018，以下简称《排放限值》）要求，全面完成六大重点行业提标改造。2020 年底前，各市、县（市、区）编制完成本地区排放总磷污染物的水固定污染源清单和排放总氮污染物的水固定污染源清单。强化工业园区升级治理：加快推进园区内企业废水分类收集，生产和工艺废水输送管道明管化，安装水质水量在线监测仪。到 2020 年，所有省级以上开发区实施园区循环化改造，持续推进国家或省级生态工业园区创建。

（四）提升城乡生活污染治理水平

全面完成城镇污水处理厂提标改造：严格执行《排放限值》，2018 年底前颁布太湖流域城镇污水处理厂提标技术指引，并启动新一轮提标示范工程，研究制定分年度提标计划，2020 年底前完成太湖流域城镇污水处理厂提标改造。深入开展管网提质增效：完善污水管网建设，到 2020 年，太湖流域各设区市及县级以上城市建成区基本实现城镇污水全收集、全处理、全达标，主要入湖河流一、二级保护区范围涉及的所有城镇全面开展污水主干管网和支管网建设。太湖流域全面开展市政管网及附属设施普查和结构性、功能性检测，排查直排河道的市政污水管和合流管，查找市政雨污混接点、管网漏损点。根据管网普查、检测成果，实施雨污混接点、管网漏损点改造，控制河水、雨水渗入，提高污水处理厂进水浓度，实现污水处理设施提质增效。到 2020 年，太湖流域设区市基本完成建成区市政雨污水管网的普查检测和改造工作，其他县级城市建成区 30%现有管网完成普查和改造。提升巩固排水达标区建设：太湖上游重点地区在前期排水达标区建设基础上，进一步提升巩固排水达标区建设成果。太湖流域城镇新建区域必须全部规划、建设雨污分流管网，同步推进初期雨水的收集、处理和资源化利用。到 2020 年，上游重点地区基本实现各类生活生产污水全收集、全处理，各设区市及县级以上城市建成区基本完成雨污分流改造。

第六节 巢　湖

一、简介及曾经面临的问题

巢湖位于中国安徽省中部的合肥市境内，涉及 1 区（包河区）1 县级市（巢湖市）3 县（肥东、肥西、庐江）20 个乡镇，地处长江淮河之间。总面积约 775km^2，东西长 61km，南北均宽 12km，是安徽省最大的湖泊，被称为传统的中国五大淡水湖之一。

巢湖位于中新生代形成的巢湖断陷盆地南部，形成于更新世发育的河谷平原上，属于河成型湖泊，面积约为 2000km^2。湖区属北亚热带季风气候，年均气温 16.1℃，流域总面积 13130km^2，其中巢湖闸上面积 9130km^2，闸下面积 4000km^2。流域内河流共 33 条，分别属杭埠河-丰乐河、派河、南淝河-店埠河、柘皋河、白石山河、兆河、裕溪河 7 大水系，其主要出入河流有 9 条，分别为合肥市、巢湖市和庐江县境内的南淝河、十五里河、派河、柘皋河、双桥河、兆河、白石天河（白石天河后汇引入杭蚌河）、裕溪河等河，以及流经六安市舒城县与合肥市肥西县的杭埠河，其中入湖水量最大的是杭埠河，约占总入湖水量的 60%左右。裕溪河是巢湖唯一的出水通道，最后经由裕溪口汇入长江。

巢湖存在的主要问题为水体富营养化及湖滨湿地退化。由于周边人口猛增、工农业发展等原因，特别是 1962 年西南出口建巢湖闸后，巢湖成为半封闭水体，湿地面积的减少使自净能力大大降低，水质不断恶化。从 20 世纪 80 年代初巢湖水体就开始呈现富营养化状态，90 年代后成为中国富营养化最严重的湖泊之一。入湖河流中水质为Ⅴ类和劣Ⅴ类的河流有 4 条。2006 年巢湖 12 个环湖河流监测断面中 1 个水质为Ⅲ类、5 个为Ⅳ类、6 个为劣Ⅴ类。2008 年西半湖（靠近合肥）水质为劣Ⅴ类，东半湖（靠近巢湖市）水质在Ⅳ类和Ⅴ类之间。整体而言，西半湖污染更为严重，处于中度富营养水平，东半湖处于轻度富营养水平。2010 年 8 月巢湖出现蓝藻集聚，面积约 $20km^2$，集中分布于西半湖西北部和东半湖东南部。

二、治理措施

巢湖污染主要由长期积聚的污染负荷，逐步消失的环湖湿地，碟形湖泊、高磷本底及内源释放 4 个原因造成。针对巢湖的污染成因和性质特征，按照“治湖先治河、治河先治污、治污先治源”的治水方略，强力实施环巢湖道路桥梁、防洪、航道、河道整治、生态修复、生态农业、入湖截污及旅游开发等“八大工程”。提出了环巢湖生态示范区建设（巢湖综合治理）的工作机制和保障体系。

根据治水方略，安徽省逐步形成了巢湖治理与保护的主要思路：综合治理，目标“城湖一体”，策略上注重总体与分布并重。

总体上：围绕保护、治理、发展三大任务，强化减排、净化、扩容三大环节，突出水质、水量、水流三大要素，实施治污、复苏、养生三大步骤，在继续加强城镇生活及工业生产污水处理和严格环境准入的同时，逐步加强面源控制、矿山修复、湿地净化、补水引流、初期雨水处理等措施，系统做好流域、分区和单元的环境容量加减法。

分区分部上：①治理西北。巢湖西北部的南淝河、派河、十五里河等源自江淮分水岭，穿越合肥城区，以 1/4 的入湖水量，“贡献”了 1/2 的入湖污染负荷，均属重污染河流。鉴于目前处理后排放的污水仍为劣Ⅴ类及河道基流长期匮乏等叠加影响，通过上游水源涵养，沿河完善管网截污、污水处理提标改造、初期雨水调控、补充生态基流，以及下游污染底泥清淤和湿地旁通净化等综合措施，减轻入河负荷，降低氮磷浓度。②保护西南。巢湖西南部的杭埠河、丰乐河、白石天河等源自大别山，以 1/2 的入湖水量，“贡献”了 1/4 的入湖污染负荷，是环湖支流中水质最好、水量最丰的河流。加强巢湖清流来源保护，对维系巢湖生命和活力意义重大。通过上游水源涵养和水土保持，中游开展灌区节水减排、畜禽清洁养殖、农村生活污水控制，下游布设湿地旁通净化系统等综合措施，促使入河污染负荷不增加，保障断面水质处于良好状态。③连通东南。巢湖东南部的西河、兆河是巢湖流域现状重要排洪通道，也是现状巢湖可利用的应急引江线路。通过疏浚兆河和西河断面，实施黄陂湖退渔还湖，实现应急补水引流，配合今后的引江济淮，逐步加大江水入湖规模。④防治东北。巢湖东北部既有污染较重的柘皋河、双桥河等，威胁巢湖饮用水源地安全，也有污染较轻的大闸河、汤河等，因此采取预防污染及治理并重的策略。

“城湖共生”综合治理路径包括生态功能区管控、产业升级、截污减负、扩大容量、保育修复五个方面。通过对生态要素最集中、生态敏感度最高的区域实施最严格的生态保护，禁止开发建设；对城湖过渡地带的生态保护次区域设定准入条件，限制开发建设对于保障城镇健康发展的区域，满足生态环保要求和排污标准，加强集约、集中建设通过水源地保护、污水达标排放、农田尾水处理、城区水系沟通、环湖湿地建设等防治措施，改善河湖水质。修复环巢湖滨湖带岸线，通过崩岸生态防护、河口污泥清淤、环湖湿地建设、湖区藻水分离、受损矿山修复、农村垃圾收集、环湖防汛交通等修复措施，改善滨水岸线环境。

第七节 滇　池

一、简介及曾经面临的问题

云南是天然高原湖泊众多的省份，湖泊面积 30km² 以上的九大高原湖泊位于全省居民最密集、经济最发达的地区，具有提供调蓄水资源、防洪排涝和农业灌溉、保护生态环境、调节湖泊水陆系统循环、栖息繁衍水生动植物、涵养地下水、调节气候和旅游观光等多种功能。九大高原湖泊之一的滇池也称昆明湖、昆明池，古称滇南泽，位于中国云南省省会昆明市西南部，为云南省面积最大的高原淡水湖。湖泊海拔高度 1886m，面积 330km²，湖底平坦。北部海埂湖堤以北称“草海”，以南称“外海”。

滇池属于长江水系，为金沙江支流普渡河上游的湖泊，主要入湖河流为盘龙江，主要出湖河流为海口河（螳螂川）。流域地跨昆明市五华区、官渡区、西山区、嵩明县、呈贡县和晋宁县，流域面积 2900km²，为中国第六大淡水湖。四面环山，东有金马山，西有碧鸡山，北有蛇山，南有鹤山。这些山连绵起伏，形成了昆明坝子的天然屏障。昆明坝子盛产稻米、小麦、蚕豆、玉米、油料等作物，是云南著名的“鱼米之乡”

滇池面临的主要问题分为四大类：湖面萎缩、水资源短缺、水污染、土地环境问题。首先是湖面萎缩，滇池受人类社会行为和自然变迁影响，湖面面积由历史上的 1260km² 到明清时期的约 500km²，直到现在水面仅有 330km²，如不及时治理，湖泊发育即将加速进入老年阶段，离湖体整体消失为期不远。

水资源短缺及污染方面，滇池水资源情况恶劣，由于缺乏大江大河的注入，自净能力较差，另外流域发展需水量远超当地水资源承载能力，水资源短缺类型属于资源缺水型；从昆明市辖区水资源来看，其分布极不均匀；同时资源丰富地区对水资源利用率极低，调水工程的缺乏也使得水资源短缺类型属于工程缺水型；由于污染问题，水资源短缺类型还属于污染缺水型：20 世纪 70 年代以来，因为昆明及周边城市工业的发展，以及四周农田的开发，造成滇池水的污染，尤其是富营养化的情形严重，大量蓝藻生长，已造成用水上的问题。滇池主要汇入河流有 35 条，流域年平均水资源总量约为 5 亿 m³，入滇河流将大量生活污水、垃圾、农业面源污染物带入水体，极大增加了 COD、TN、TP 等污染物的污染程度。造成滇池水污染有三大原因，首先滇池地处昆明城市下游，是昆明盆地最低凹地带，接纳上游的生活污水、工业废水和含有农药化肥的农业污水。其次，滇池属于半封闭性湖泊，缺乏充足的洁净水对湖泊水体进行置换，造成物质循环不通畅，大量沉淀的污染物堆积于湖底，从而形成了大量的内污染。加之滇池流域城镇化迅速发展带来的大量污水和人为不合理开发利用，加剧了滇池的富营养化。据统计每年排入滇池的污水约2亿 m^3。

土地环境方面，主要以土地开垦过度、农业面源污染过度和高污染工业项目多为主，随着人口增加，人地矛盾日渐尖锐，用地的统一管理缺乏，土地利用率和产出率较低，管理难度大。

二、治理措施

昆明市早在1988年就制定了《滇池保护条例》，并于2002年进行修订。全流域于1990年起对建设的污水处理厂实施氮磷的控制，污水处理厂出水必须达到设计出水氨氮标准，并在1998年10月1日起禁止销售和限制使用含磷洗涤用品。同时制定《昆明市城市排水管理条例》，规范城市排水并征收排水设施有偿使用费，以确保排污设施正常运行，促进节约用水。"十五"期间开始总体上全面考虑水污染防治、水资源利用和生态恢复三方面问题，按轻重缓急有计划地从强化管理、加大执法力度入手，突出重点、分期分块治理。在《滇池流域水污染防治规划》(2006—2010年) 中提出长期治理的思路，兼顾延续性和前瞻性，"十一五"期间，针对突出的水环境问题，注重底泥疏浚，围绕以下五个重点问题展开工作：①建设清污分流管网，配合污水处理厂进行环湖截污；②入湖河流截污整治；③退塘退田退房并还湖还林还湿地为主的环湖生态建设；④跨流域引水，增加滇池生态用水量；⑤水源区保护。"十二五"期间滇池流域规划重点为排水体系完善、节水调水、水资源保护、入湖河道治理、生态修复、农村面源污染治理六大方向。

根据治理的六大方向，目前采取的主要工程措施为入滇河道治理、外流域调水、环湖湿地建设。

河道治理方面，主要采用堵口查污、截污导流、生态清淤、恢复河道生态等措施，首先对河道沿岸排污口及流域污染企业进行排查和关停整顿等处理，同时结合排污管道，对污水废水全部进行回收处理，达标排放；做好河底污泥清除工作并保护河底硬底质；通过恢复河道湿地环境、水生动植物、微生物定向培养等措施，建立人工生态并向自然生态演替。

外流域调水方面，利用牛栏江-滇池补水工程，增加滇池出入湖水量，置换水体，加快滇池水体循环，提高滇池湖体纳污能力，从根本上提高滇池水资源承载力及水环境质量。

环湖湿地建设方面，建设湖滨生态湿地，用于达到调节气候、涵养水源、蓄洪抗旱、控制土壤侵蚀、净化入湖水质、维持生物多样性、改善湖滨景观等目的。

第八节 洪泽湖

一、简介及曾经面临的问题

洪泽湖为中国第四大淡水湖，地处江苏省西部淮河下游，苏北平原中部西侧，淮安、宿迁两市境内，地理位置在北纬 33°06′～33°40′和东经 118°10′～118°52′之间，为淮河中下游结合部。原为浅水小湖群，古称富陵湖，两汉以后称破釜塘，隋称洪泽浦，唐代始名洪泽湖。1128 年以后，黄河南途经泗水在淮阴以下夺淮河下游河道入海，淮河失去入海水道，在盱眙以东潴水，原来的小湖扩大为洪泽湖。

洪泽湖湖面辽阔，资源丰富，历史悠久，既是淮河流域大型水库、航运枢纽，又是渔业、特产品、禽畜产品的生产基地，素有“日出斗金”的美誉，为淮河下游地区提供了可靠的防洪安全保障，是苏北地区经济社会发展的重要支撑和保障，是洪泽人民的母亲河。

洪泽湖目前面临的主要问题如下。

（一）非法圈圩现象长期存在

自 2010 年以来，针对洪泽湖非法圈圩不断蔓延的态势，江苏省水利厅组织开展了两轮大规模的清除洪泽湖非法圈圩行动，厅领导多次赴现场督查指导。在沿湖市县（区）党委政府及有关行业部门的大力支持下，截至 2016 年 3 月，共清除洪泽湖非法圈圩 512 处，面积 0.55 万 hm^2，恢复调蓄库容 1 亿多 m^3。

（二）非法采砂猖獗

自 2007 年洪泽湖发现湖砂资源以来，受高额经济利益的驱使，大批采砂船只非法涌入洪泽湖，洪泽湖水域非法采砂问题屡禁不止。2014 年 8 月，水利部、国土资源部、交通运输部和江苏省、山东省人民政府联合下发了《关于在南水北调东线输水干线洪泽湖骆马湖至南四湖段全面禁止采砂活动的通知》。虽然省水政监察总队派人常住泗洪、泗阳、洪泽等重点县区坚持常态打击，并组织淮安、宿迁两地水行政主管部门及公安、海事、渔业等相关部门进行过多次联合行动，但仍然不能从根本上遏制非法采砂猖獗的态势。

（三）生态环境逐步退化

非法、无序、过度、不合理的开发利用模式，不仅导致洪泽湖水域面积的持续减少，也严重破坏了湖泊原有的生态环境，导致洪泽湖的环境容量持续减少，生态功能持续退化。根据近几年洪泽湖水质监测数据分析，洪泽湖营养状态指数一直维持在 60 左右，达到中度富营养。洪泽湖水草资源和水生物的种类及数量都明显减少，洪泽湖生态环境的形势不容乐观。

（四）涉湖违法建设日益增多

根据《江苏省湖泊保护条例》的要求，所有涉湖的建设项目都应依法取得许可，然而自 2013 年以来，洪泽湖西南航道整治、泗洪县的风电开发、泗阳县的光伏发电和渔港等建设项目，在未取得行政许可的情况下擅自开工，严重干扰了洪泽湖管理与保护的正常秩序。

二、治理措施——实施网格化管理

（一）实施原则

（1）统一管理与属地管理相结合。江苏省洪泽湖管理委员会统筹协调对全湖网格化工作的统一管理，沿湖各级地方政府按照事权划分和属地管理的原则，负责辖区内网格的运行管理，形成“全面覆盖、层层履职、网格到底、人员入格、责任定格”的管理网络体系。

（2）强化事务统筹与信息互通。网格化管理内容包含防洪、生态、治安、航运、渔业等多方面工作，通过建立网格化信息平台，强化委员会成员间、沿湖地区间、部门间的协作和沟通。各地各部门应强化协作，特别在打击非法采砂和非法圈圩、生态及水环境保护等方面要加强合作联动，形成管理合力。

(3) 明确责任与高效运行。进一步落实沿湖各级政府和相关部门的洪泽湖管护责任，建立科学的分工机制、高效的运行机制、规范的监督考核机制，强化日常巡查、信息报送、事务处理等流程管理，着力提高洪泽湖管理整体效能和水平。

(二) 网格划分

洪泽湖管理网格共分为三级。一级网格：以洪泽湖全湖为单元划分为一级网格，责任主体为江苏省洪泽湖管理委员会，江苏省洪泽湖管理委员会办公室负责日常的运行和管理工作。二级网格：在一级网格范围内，沿湖洪泽县、盱眙县、淮阴区、泗洪县、泗阳县、宿城区和省洪泽湖水利工程管理处按照行政辖区和管理范围划分为二级网格。三级网格：沿湖洪泽县、盱眙县、淮阴区、泗洪县、泗阳县、宿城区和省洪泽湖水利工程管理处在各自二级网格范围内，按照行政村区划、管理便捷等要求进一步细划为三级网格。目前洪泽湖管理保护范围内共划分陆域三级网格 125 个，水域三级网格 330 个。

(三) 责任落实

在每个县、区（二级网格）水利（务）局设立湖长办公室，设湖长 1 名、副湖长若干名。三级网格分水域网格和圩区、陆域网格，其中每个圩区、陆域网格均需落实网格长 1 名，网格长由各县、区水行政主管部门下属事业单位、省洪泽湖水利工程管理处所辖管理所中在编在职人员担任。湖长、副湖长、网格长人员名单和责任网格区域确定后向社会公布，接受监督。

附　　表

附表 1　　　　　　　　　　　　________湖基础信息表

1. 自然属性

<table>
<tr><td colspan="2">湖泊名称</td><td></td><td>湖泊编码</td><td></td></tr>
<tr><td colspan="2">所在水系</td><td colspan="3"></td></tr>
<tr><td rowspan="2">湖泊中心位置</td><td>X（经度）</td><td colspan="3"></td></tr>
<tr><td>Y（纬度）</td><td colspan="3"></td></tr>
<tr><td colspan="2">湖泊总面积/km²</td><td></td><td>平均水深/m</td><td></td></tr>
<tr><td colspan="2">是否跨行政区</td><td colspan="3"></td></tr>
<tr><td colspan="2">所跨行政区域</td><td colspan="3"></td></tr>
</table>

主要入湖/出湖河流

<table>
<tr><td rowspan="2">河流名称</td><td rowspan="2">类型
（入湖、出湖）</td><td rowspan="2">河流编码</td><td colspan="2">交汇处位置</td><td rowspan="2">多年平均入湖/出湖水量
/万 m³</td></tr>
<tr><td>X（经度）</td><td>Y（纬度）</td></tr>
<tr><td></td><td></td><td></td><td></td><td></td><td></td></tr>
<tr><td></td><td></td><td></td><td></td><td></td><td></td></tr>
<tr><td></td><td></td><td></td><td></td><td></td><td></td></tr>
<tr><td></td><td></td><td></td><td></td><td></td><td></td></tr>
</table>

2. 湖长信息（县级及以上湖长）

姓名	职　务

附表 2　　　　____________湖动态信息汇总表

1. 取用水

取水口数量/个		许可取水总量/万 m^3		实际年取水总量/万 m^3	
饮用水水源地数量/个		水源地年供水量/万 m^3		水源地水质类别	

2. 排污

排污口数量/个		湖泊限制排污总量/(万 m^3/a)		年排污总量/万 m^3	
监测排污口数量/个					

3. 水质

水质类别		富营养化程度		主要污染物	

4. 水生态

当年最高水位/m		当年最枯水位/m		围垦面积/km^2	
保护区划定面积/km^2		其中保护区的核心区面积/km^2		沿湖湿地公园和水生生物保护区数量/个	

5. 水域岸线开发利用

<table>
<tr><td>岸线开发利用长度/km</td><td></td><td rowspan="4">岸线功能分区长度/km</td><td>保护区</td><td></td></tr>
<tr><td>岸线开发利用率/%</td><td></td><td>保留区</td><td></td></tr>
<tr><td>湖区规划采砂可采区面积/km^2</td><td></td><td>控制利用区</td><td></td></tr>
<tr><td>湖区规划采砂可采总量/万 t</td><td></td><td>可开发利用区</td><td></td></tr>
<tr><td>水产养殖水面面积/km^2</td><td colspan="4"></td></tr>
</table>

6. 涉水工程和设施

堤防长度/km		水闸数量/座	
泵站数量/个		港口与码头数量/座	
其他跨湖穿湖临湖建筑物和设施数量(水电站、桥梁、隧洞、渡槽等)/座			

注　岸线开发利用率是指岸线开发利用长度除以岸线总长度。

附表 3 ____________湖分类动态信息表

A. 取水口

序号	名称	位置		许可取水量/万 m^3	年取水量/万 m^3	主要用途（工业、农业、生活、其他）	备注
		X（经度）	Y（纬度）				
1							
2							

B. 饮用水水源地

序号	名称	位置		年供水量/万 m^3	水质类别	备注
		X（经度）	Y（纬度）			
1						
2						

C. 排污口

序号	名称	位置		年排污总量/万 m^3	是否监测	排放单位	备注
		X（经度）	Y（纬度）				
1							
2							

D. 水生态保护区

序号	名称	位置		面积/km^2		类型（生态保护区、沿湖湿地公园、水生生物保护区）	备注
		X（经度）	Y（纬度）	总面积	核心区		
1							
2							

E. 堤防

序号	名称	起点位置		终点位置		长度/km	形式	备注
		X（经度）	Y（纬度）	X（经度）	Y（纬度）			
1								

续表

2								

F. 水闸

序号	名称	起点位置		水闸类型	过闸流量/(m^3/s)	备注
		X(经度)	Y(纬度)			
1						
2						

G. 泵站

序号	名称	位置		工程规模	装机流量/(m^3/s)	总装机功率/kW	备注
		X(经度)	Y(纬度)				
1							
2							

H. 港口与码头

序号	名称	中心位置		沿湖长度/m	备注
1					
2					

I. 其他穿湖跨湖临湖建筑物

序号	名称	起点位置		终点位置		类别(水电站、桥梁、隧洞、渡槽等)	备注
		X(经度)	Y(纬度)	X(经度)	Y(纬度)		
1							
2							

附表 4 ____________湖沟道排污口档案卡

<table>
<tr><td rowspan="2">排污口名称</td><td rowspan="2"></td><td rowspan="2">位置</td><td rowspan="2"></td><td>档案卡编号</td><td colspan="3">排　　　号</td></tr>
<tr><td>坐标</td><td colspan="3"></td></tr>
<tr><td>排污口设置单位（个人）</td><td></td><td>联系地址</td><td></td><td>联系人</td><td></td><td>电话</td><td></td></tr>
<tr><td>排污口所属划定区域</td><td>1. 禁养区□
2. 限养区□
3. 适养区□</td><td>养殖种类</td><td></td><td>数量</td><td></td><td>排污量/(m^3/d)</td><td></td></tr>
<tr><td>污水排入水体</td><td></td><td>排入途径</td><td>1. 直　排□
2. 经渠道□
3. 经沟道□
4. 经管道□</td><td>排入方式</td><td colspan="3">1. 连续性□
2. 间　歇□
3. 季节性□</td></tr>
<tr><td>排污口设置时间</td><td></td><td>已建环保设施</td><td></td><td>运行状况</td><td colspan="3"></td></tr>
<tr><td>规范整治要求</td><td colspan="7"></td></tr>
<tr><td>整治前图片资料</td><td colspan="7"></td></tr>
<tr><td>整治进展及结果</td><td colspan="7"></td></tr>
<tr><td>验收结果</td><td colspan="7"></td></tr>
<tr><td>湖长签名</td><td colspan="7">县（区）级湖长：　　　　镇（乡）级湖长：
____年____月____日　　　____年____月____日</td></tr>
<tr><td>整治中后图片资料</td><td colspan="7"></td></tr>
</table>

附表 5　　________湖（沟道）采砂（制砖）厂档案卡

采砂（制砖）厂名称		位置		档案卡编号			
				坐标			
采砂（制砖）厂设置单位（个人）		办公地址		法人（业主）		联系电话	
采砂（制砖）厂生产规模		采砂（制砖）机械		采砂量			
采砂位置所属区域	河道行洪区□ 河堤岸区□ 河道管理范围□ 河道保护范围□ 其他□	弃砂位置所属区域	河道行洪区□ 河堤岸区□ 河道管理范围□ 河道保护范围□ 其他□	采（洗）砂用水水源		废水排入水体	
河道采砂规划编制情况							
该采砂（制砖）厂采砂许可情况							
规范整治要求							
整治前图片资料							
整治进展及结果							
验收结果							
湖长签名	县（区）级湖长： ____年____月____日			镇（乡）级湖长： ____年____月____日			
整治中后图片资料							

参 考 文 献

[1] 陈永泰，金帅. 我国湖泊流域水环境保护研究现状及展望 [J]. 生态经济，2015，31 (10)：107-110.

[2] 陶希东. 美加五大湖地区水质管理体制：经验与启示 [J]. 社会科学，2009 (6)：25-32.

[3] 段红东. 全面推行河长制工作中期评估情况与河长制湖长制总结评估框架设计 [J]. 中国水利，2018 (12)：8-13.

[4] 李轶. 湖长制的缘起、推行及其与河长制的异同 [J]. 环境保护，2018，46 (8)：7-10.

[5] 李世杰，窦鸿身，舒金华，等. 我国湖泊水环境问题与水生态系统修复的探讨 [J]. 中国水利，2006 (13)：14-17.

[6] 冯燕. 滇池环境治理与保护规划对策 [J]. 绿色科技，2018 (6)：103-104.

[7] 高晓. 德瑞奥三国如何保护博登湖水环境 [J]. 政策瞭望，2014 (10)：54-56.

[8] 宋菲菲，胡小贞，金相灿，等. 国外不同类型湖泊治理思路分析与启示 [J]. 环境工程技术学报，2013，3 (2)：156-162.

[9] 秦伯强，杨柳燕，陈非洲，等. 湖泊富营养化发生机制与控制技术及其应用 [J]. 科学通报，2006，51 (16)：1857-1866.

[10] 王圣瑞，李贵宝. 国外湖泊水环境保护和治理对我国的启示 [J]. 环境保护，2017 (10)：64-68.

[11] 姚毅臣，黄瑚，谢颂华. 江西省河长制湖长制工作实践与成效 [J]. 中国水利，2018，856 (22)：43-47.

[12] 丛榕. 临沂市河湖长制管理存在的问题及对策 [J]. 山东水利，2020 (2)：47-48.

[13] 吴继华，龙振华，余周武. 湖北推行河湖长制对策：以襄阳市、武昌区为例 [J]. 农村经济与科技，2018，29 (3)：86-87，97.

[14] 吴昊，杨慧. 天津市“一河（湖）一档”台账建设进展与问题思考 [J]. 中国水利，2019 (8)：18-20，17.

[15] 汪振宁，陈宏伟，顾雯. 安徽省城市湖泊湖长制“一湖一策”实施方案编制探讨 [J]. 水资源开发与管理，2019 (8)：65-70.